Manfred Schmidt

Strom- und Binnenseeinseln in Deutschland

GRIN Verlag

Bibliografische Information der Deutschen Nationalbibliothek:

Die Deutsche Bibliothek verzeichnet diese Publikation in der Deutschen Nationalbibliografie; detaillierte bibliografische Daten sind im Internet über http://dnb.d-nb.de/ abrufbar.

Impressum:

Copyright © 2008 GRIN Verlag GmbH
Druck und Bindung: Books on Demand GmbH, Norderstedt Germany
ISBN: 978-3-638-95278-1

Dieses Buch bei GRIN:

http://www.grin.com/de/e-book/92500/strom-und-binnenseeinseln-in-deutschland

Inseln ohne Meer

Strom- und Binnenseeinseln

Band I Deutschland

Manfred Schmidt

Inhalt

Einleitung

Inseln haben den Geist und die Emotionen der Menschen zu allen Zeiten bewegt. Wohl kaum eine andere Prägung von Mutter Natur gestaltet das Bild der Erde so mannigfaltig und ereignisreich wie die Inseln.

Ausschlaggebend hierfür ist offenbar die gänzliche Abgeschlossenheit der Eilande durch das einrahmende Wasser. Eine Insel ist mit Ausnahme der Kontinente (Australien) jede Landmasse, die vollständig von Wasser umgeben ist. So definieren inhaltlich die meisten Lexika den Terminus Insel.

Für die Inseln in den Weltmeeren ist diese Aussage sicherlich zutreffend. Aber wie verhält es sich mit den Inseln in Seen und Flüssen. Hat auch hier die Definition des Lexikons ihre Gültigkeit? Sind solche Eilande nicht häufig durch Dämme, Brücken etc. mit dem Festland verbunden und hierdurch zu Halbinseln rudimentiert? Verliert also eine Insel ihre Charakteristik durch Verbindungen mit dem Festland?

Wenn das so wäre, könnten manche Fluß- und Binnenseeinseln ihr Merkmal nicht mehr aufrechterhalten (Lindau, Reichenau, Mainau, Ratzeburg, u.v..a.). Aber auch viele vor den Meeresküsten liegenden Inseln hätten dann ihr Attribut verloren (Sylt, Nordstrand, viele dänische Inseln, die schwedische Insel Öland, auch viele japanische Inseln, einige der bretonischen Küste vorgelagerte Inseln um hier wirklich nur einige zu nennen).

Aus diesem Grund sollte, solange es sich nicht um eine künstlich angelegte Insel handelt, sondern nur die Verbindungen zur Insel künstlich sind, die oben erwähnte Definition Insel auch auf die Fluß- und Binnenseeinseln zutreffen. Völlig falsch ist es auf jeden Fall, Inseln mit solchen künstlichen Verbindungen »Halbinseln« zu nennen; eine Halbinsel ist ein ins Meer oder in einen See vorspringender Teil des festen Landes.

Auch ist diese Definition unabhängig von Abstand der Insel zum Festland, oder bei Fluß- und Binnenseeinseln zum See- oder Flußufer: Ist die Landmasse vollständig vom Wasser umgeben, ist auch ein sehr geringen Abstand zum Ufer kein Grund, die Inseleigenschaft in Frage zu stellen. Sonst müßten auch hier viele Inseln als solche von der Landkarte verschwinden, beispielsweise Rügen und Usedom.

Halten wir also fest: Landmassen, die in Flüssen oder Seen liegen, auch wenn sie zum Teil nur wenige Meter vom Festland entfernt liegen und mit dem Ufer durch Brücken oder Dämme verbunden sind, müssen als Inseln definiert werden.

Wenn man nun davon ausgeht, daß die deutschen Fluß- und Binnenseeinseln nicht sehr groß sind, weil die deutschen Binnenseen nicht sehr groß – und die deutschen Flüsse nicht sehr breit sind, stellt sich die Frage, was macht diese Inseln untersuchungswürdig? Nun, da die Adjektive klein und groß bekanntlicherweise relativ sind, können die deutschen Strom- und Binnenseeinseln in vielfacher Hinsicht von Interesse sein. Die Untersuchungen in diesem Buch, das einen Beitrag zur deutschen Landeskunde darstellen soll, galten primär ihren ökologischen Potentialen und sekundär, praktisch sich aus dieser Untersuchung ergebend, ihren teilweise hochinteressanten historischen Hintergründen. Hierbei sind natürlich die großen Binnenseeinseln wie Lindau, Reichenau, Ratzeburg oder die großen Flußinseln wie Niederwerth von der ökologischen Untersuchung ausgeschlossen, weil deren Ökologie ja feststeht; aber allein die historische Vergangenheit dieser Inseln ist schon lesenswert.

Bis auf einige kleine und kleinste Inseln in ebenso kleinen und kleinsten Seen und Flüssen wurden alle deutschen Fluß- und Binnenseeinseln untersucht. Praktisch außer Konkurrenz, weil aber von hohem historischen Wert, wurde die künstlich angelegte Insel Wilhelmstein im Steinhuder Meer in die Untersuchung mit einbezogen, ansonsten waren künstlich angelegten Inseln von den Untersuchungen ausgeschlossen.

Insgesamt 34 Inseln in deutschen Binnenseen und 33 Inseln in den deutschen Flüssen Rhein, Elbe, Weser, Ems und Wakenitz wurden untersucht. Alle besitzen die Gesammtfläche von ca. 9755 ha, was etwa der Größe der Insel Sylt entspricht (Untersuchungsergebnisse Seite 9).

Die ökologische Bedeutung bzw. die Schutzwürdigkeit der deutschen Fluß- und Binnenseeinseln steht also hier im Vordergrund. Sie sollte allen anderen Nutzungen vorangestellt werden, ausgenommen bei den oben schon erwähnten Inseln.

Immer neue Bebauungen an einem Fluß- oder Binnenseeufer bzw. in Ufernähe müssen zwangsläufig wegen der daraus folgenden Eingriffe in die Natur einen Ausgleich für die Natur zu Folge haben. Hierfür sollten die in diesem Bebauungsgebiet vorhandenen Fluß- bzw. Binnenseeinseln ausgewählt werden. Der Ausgleich sollte so aussehen, daß eine Rücknahme oder sogar eine völlige Aufgabe aller eventuellen Aktivitäten auf der Insel, wie beispielsweise landwirtschaftliche Bewirtschaftung anstrebt werden, um die Verschlechterung des Naturhaushaltes im Baugebiet an dieser Stelle auszugleichen. Die großen bewohnten Inseln wie Ratzeburg, Lindau etc. sind von diesem Vorschlag natürlich ausgenommen.

Aber auch ohne einen »Ausgleichszwang« haben viele Städte, Gemeinden und Länder »ihre« Fluß- bzw. Binnenseeinsel heute sehr weitsichtig als Naturschutzgebiet ausgewiesen. Diese Inseln ausschließlich aus der Sicht des Naturschutzes zu behandeln, sollte dann auch für die noch nicht unter diesem Schutz stehenden Inseln angestrebt werden.

Die hohe Schutzwürdigkeit vieler Fluß- und Binnenseeinseln basiert insgesamt gesehen vor allem auf dem ausgeprägten Natürlichkeitsgrad weiter Bereiche dieser Inseln. Zwar sind etliche Lebensräume in ihrer Genese auf Einwirkungen des Menschen zurückzuführen (Strand, Magerrasen, durch Aufspülung entstandene Dünen etc.), doch da die Inseln in der Nachfolgezeit ihrer Eigenentwicklung überlassen bleiben, werden sich auch diese »sekundären Lebensräume« zum großen Teil zu sehr wertvollen Biotopen entwickeln. Daher sollte es das Hauptziel des geplanten Naturschutzgebietes sein, einen großflächigen Komplex natürlicher, also nutzungsfreier Bereiche zu erhalten bzw. zu schaffen.

Für den Erhalt der verschiedenen Lebensraumtypen kann jedoch auch die Durchführung bestimmter Schutz-, Pflege- und Entwicklungsmaßnahmen sinnvoll werden. Trotz des Anspruchs der weitgehenden Natürlichkeit muß die Durchführung dieser Maßnahmen daher auch nach Ausweisung des Naturschutzgebietes möglich bleiben.

Ebenso sollten Nutzungen weiterhin zugelassen bleiben, die aber keines-.falls die zu schützende Natur auf den Inseln in ihren Strukturen, Prozessen und Funktionen gefährden. Es wäre illusorisch, davon auszugehen, einen größeren Raum im Einzugsgebiet einer Fluß- bzw. Binneninsel mit seinem hohen Nutzungsdruck gänzlich nutzungsfrei halten zu können. Kleinflächige Bereiche müssen daher für bestimmte Nutzungen (z. B. Besucher) freigehalten werden. Diese Erholungsnutzung ist allerdings auf das unabdingbare Maß zu beschränken und darf den eigentlichen Schutzzweck des Naturschutzgebietes keinesfalls beeinträchtigen. So verlockt beispielsweise ein breite Strom mit den reizvollen Inseln und den bekannten Orten an seinem Ufer (z. B. Rhein) zu einem ausgeprägten Motorboot-Tourismus und weiteren Freizeit-Aktivitäten. Dadurch treten teilweise erhebliche Konflikte mit dem Naturschutz auf. Die Befahrung der ruhigen Stillwasserzonen mit nur einem Boot reicht aus, um ganze Schwärme von Wasservögeln zu beunruhigen und an der Nahrungsaufnahme zu hindern. Ein Pflegeplan wird daher nur in begrenztem Maße einen Beitrag zur Milderung dieser Nutzungskonflikte liefern.

Sehr bedauerlich ist in diesem Zusammenhang die Tatsache, daß einige Inseln einer Erholungsnutzung aufgrund von Privatbesitz gar nicht zugänglich sind – eine der negativen Folgen, solche Inseln in private Hände zu geben. Dem zunehmenden Anstieg von immer mehr Freizeit steht zwangsläufig ein höherer Nutzungsdruck (»bedingte Erholungsnutzung«) gegenüber. Wenn solche Eilande in Privatbesitz gegeben werden, vor allen aus Gründen der finanziellen Erhaltung solcher Objekte, muß per Gesetz geregelt sein, das diese Objekte jedermann, jederzeit, zumindest partiell, in ihren wichtigsten Teilen (historische Bauten, Parkanlagen etc.) zugänglich sind. Hierfür gibt es zahlreiche, vorbildliche Beispiele bei der Vergabe von Pacht- bzw. Kaufverträgen von Burgen und Schlössern. Es kann auf keinen Fall richtig sein, das sich einige wenige, aus welchen Gründen auch immer, eine Insel kaufen und die auf dieser Insel befindlichen, Jahrhunderte alten Kulturgüter einfach »wegschließen«, wie beispielsweise das alte Kloster auf der Rheininsel Nonnenwerth. Darum sollte, wo noch nicht praktiziert, die Erneuerung von Pachtverträgen mit Privatpersonen, wenn sich eine solche aus den oben genannten Finanzierungsgründen nicht vermeiden läßt, unter den nachfolgenden Naturschutzzielen bzw. Schutzzwecken abgeschlossen werden.

Das bezieht sich selbstverständlich auch alle anderen Fluß- und Binnenseeinseln, die zwar nicht in Privatbesitz, aber bisher noch nicht als Naturschutzgebiet ausgewiesen sind. Alle Naturschutzziele lehnen sich in ihrer Relativität selbstverständlich der Größe der Insel an:

Konkurrierende Nutzungen

Ziel der Ausweisung des Naturschutzgebietes der jeweiligen Fluß- und Binnenseeinsel ist es, einen in der Fläche möglichst konsequenten Naturschutz betreiben zu können. Kompromisse und Zugeständnisse an andere Nutzungsmöglichkeiten sind lediglich auf das unabdingbare Maß zu beschränken und dürfen nicht zu unmittelbaren Beeinträchtigung des Schutzzweckes führen.

- Landwirtschaft

Eine landwirtschaftliche Nutzung sollte auf den Inseln nicht mehr oder allenfalls nur noch in sehr eingeschränktem Maße stattfinden. Hauptgrund ist u. a. die hohe Fluorbelastung der Böden. Eine Beweidung zur Erhaltung der ökologisch wertvollen Feuchtwiesenbereiche hingegen ist sicherlich als Schutz-, Pflege- und Entwicklungsmaßnahme im Naturschutzgebiet zu empfehlen.

- Jagdliche Nutzung

Eine jagdliche Nutzung steht im krassen Gegensatz zu der hohen Störungsempfindlichkeit des Inselgebietes als wichtiges Brut-, Rast- und Nahrungsgebiet für zahlreiche, teilweise stark gefährdete Vogelarten. Aus diesen Gründen muß die Jagdausübung im geplanten Naturschutzgebiet auf die Ausübung des Jagdschutzes beschränkt bleiben. Soweit eine Reduzierung, beispielsweise der Kaninchenbestände aus Sicht des Naturschutzes notwendig werden sollte, wäre dieses eine Schutz-, Pflege- und Entwicklungsmaßnahme.

- Fischereiliche Nutzung

Im Vergleich zu früher, ist die Ausübung der Fischerei ohnehin stark zurückgegangen bzw. schon lange aufgegeben, zumal viele Fische aufgrund ihrer hohen Schadstoffgehalte nicht mehr in den Verkehr gebracht werden dürfen. Die mit der Sportfischerei verbundenen Beeinträchtigungen der Uferbereiche hingegen müssen in jedem Falle dauerhaft ausgeschlossen bleiben, um hier eine dem Schutzzweck entsprechende Ausbildung bzw. Erhaltung der natürlichen Ufer-vegetation und -fauna zu ermöglichen. Außerdem würde häufiges Betreten des Naturschutzgebietes insbesondere der Uferflächen zu einer erheblichen Störung und Vertreibung von im Vorland vorkommenden Brut- und Gastvogelarten führen.

- Forstwirtschaft.

Auf einer Insel vorhandene Waldbestände sollten aus Sicht des Naturschutzes nicht genutzt werden. Wobei Schutz-, Pflege- und Entwicklungsmaßnahmen (beispielsweise die Umwandlung von Nadelholzbeständen in naturnahe Bestände) jedoch weiterhin zulässig sein sollten.

- Betreten und Befahren

Um Störungen insbesondere der Rast- und Brutvögel auszuschließen, ist das Betreten nur auf vorhandenen Wegen gestattet. Lediglich die Grundstücks besitzer oder deren Beauftragte (hierzu zählt auch der Pächter) dürfen nur zur Wahrnehmung berechtigter Interessen das Naturschutzgebiet befahren und außerhalb der Wege betreten. Historisch interessante Gebäude sollten grundsätzlich, ob in Privatbesitz oder nicht, der Öffentlichkeit (unter Berücksichtigung des Naturschutzes) zugänglich sein, wobei der Erwerb bzw. die Pacht einer Fluß- und Binnenseeinsel immer auch zu einer Instandsetzung und Instandhaltung dieser Gebäude verpflichten muß.

Bei konsequenter Beachtung der oben aufgeführten Schutzmaßnahmen kann davon ausgegangen werden, das auf den bisher noch nicht dem Naturschutz unterstellten Fluß- und Binnneseeinseln in zehn bis zwanzig Jahren eine typische Stromlandschaft mit vielen der dazugehörigen Tiere und Pflanzen zu finden sein wird.

Noch ein Wort sei erlaubt zu dem Umfang der einzelnen Untersuchungen. Dieser ist kein Bewertungskriterium für die behandelten Fluß- und Binnenseeinseln, da die zum Teil jahrelangen Recherchen von recht ungleichem Ausmaß waren. Es wird bei dieser Gelegenheit und nach einer solch langen Zeit der

Nachforschungen erlaubt sein, auch einmal daraufhinzuweisen, das die Ursachen für indiskutable oder völlig ausbleibende Informationen meist bei amtlichen Quellen (kommunale Verwaltungen, Ministerien, Vermessungsämter etc.) und bei den privaten Besitzern bzw. Pächtern zu suchen waren, von denen sich nicht wenige im Umgang mit ihren überlegenen Beziehungen eine geradezu beschämende Arroganz leisteten.

Nutzung	Binnenseeinseln	Strom(-fluß)inseln
Städtische Besiedelung	2	-
Dörfliche Besiedelung	3	2
Naturschutzgebiet*	3	13
Landschaftsschutzgebiet**	7	1
Vogelschutzgebiet	1	3
Landwirtschaftliche Nutzung (Gemüse, etc)	4	7
Obstanbau	-	2
Weinanbau	-	2
Weidenutzung mit und ohne Tiere(Schaf, Rinder)	1	3
Kleingärten	2	-
Schloß/Burg/Ruine/Villa/Kapelle	4	2
Haus/Wochenendhaus/Bauernhaus	7	1
Mutterhaus	-	1
Fremdenverkehr/Ausflugsverkehr, Naherholung, Freizeitgelände	7	3
Sportstätten wie Tennisplatz, Sportplatz, Ruderverein	1	2
Parkanlage	2	-
Hafen/Sportbothafen/ Bootsanlegestellen	1	2
Freibad	-	1
Campingplatz/Zeltplatz	3	1
Aussichtsturm/ehem.Mautturm	1	1
Richtfeuer	-	1
Museum	2	1
Wald/Forstwirtschaft	1	1
Schule	1	-
Wasserwerk/Sperrwerk/Schleuse	1	2
Depot	-	1
Konzerte/Theater	1	1
Amt/Verwaltung/Lanttagssitz	1	-
Gefängnis	-	1
Plazierung eines Brückenpfeilers	-	4
privat	1	2

* Naturschutzgebiet

In Naturschutzgebieten genießt eine weitgehend unberührte Naturlandschaft insgesamt oder in Teilen besonderen rechtlichen Schutz. Sie soll in ihrer typischen Art vor störenden Eingriffen verschont, ihre Tier- und Pflanzenwelt geschützt werden. Deshalb ist dort jegliche Beeinträchtigung, die eine Veränderung oder Schädigung der Landschaft bewirken kann, besonderer Aufsicht, Genehmigungspflicht und Auflagen der Landschaftspflege unterworfen. Naturschutzgebiete sind häufig Teile von Erholungslandschaften.

**Landschaftsschutzgebiet

Als gesetzlich geschütztes Gebiet ähnelt das Landschaftsschutzgebiet dem Naturschutzgebiet. Allerdings ist hier wirtschaftliche Nutzung unter Einhaltung bestimmter Vorgaben möglich. Landschaftsschutzgebiete werden ausgewiesen, um das natürliche Gefüge in Erholungslandschaften zu sichern.

Die deutschen Binnenseeinseln

Binnenseeinseln in Schleswig-Holstein

Ratzeburg - »die Stadt im See«

Südlich der Hansestadt Lübeck liegt im Naturpark Lauenburgische Seen der 11,5 km lange, fast 2 km breite und bis zu 24 m tiefe Ratzeburger See. Die Fläche des Sees beträgt je nach Wasserstand 1.632 ha. Die Mittlere Wasserspiegelhöhe + 3.7 m NN.

Den südlichen Abschluß bilden der kleine Stadtsee und der 186 ha große Küchensee, die durch Dämme vom Ratzeburger See getrennt sind. Inmitten des Ratzeburger Sees und des Küchensees liegt die 900 Jahre alte Inselstadt Ratzeburg.

Inseltelegramm:

Längste Nord-Süd-Ausdehnung: 1.200 m; Größe Breite: 650 m; Fläche: 30,29 ha; Kürzeste Entfernung zum Seeufer: 200 m; Größte Entfernung zum Seeufer: 700 m; Verbindungen zum Seeufer: drei Dämme mit Brücken; Geologische Oberflächenstruktur: Jungmoräne, + 17,4 m NN; Momentaner Status der Insel: Stadtkern der Stadt Ratzeburg mit Verwaltung (Kreis, Stadt), Einzelhandel, Dienstleistungen, Wohnen und Kurpark (Bild unten).

Ortstelegramm von Ratzeburg:

N 13,01 km²; O Herzogtum Lauenburg; I Schleswig-Holstein; ; 23909, Unter den Linden 1; Gem.-Schlüssel: 01053100; n 04541/8000-0; 7 RZ; æ 10 - 30 m NN; Geo. Länge: 010° 47' 30" Ost, Geo. Breite: 53° 41' 39" Nord; V 11.800; zu erreichen über die B 208; + an der Stecke Lauenburg –Lübeck; r Schloßwiese 7, 04541/19433

Erste urkundliche Erwähnung der von dem slawischen Fürsten Ratibor gegründeten Burg Ratzeburg im Jahre 1062. 1582 gab Herzog Franz II von Sachsen-Lauenburg der im Schutz der Burg entstandenen Siedlung eine Stadtverfassung. 1693 wurde die Stadt von den Dänen völlig zerstört (Wiederaufbau nach Mannheimer Grundriß).

Der Luftkurort ist Sitz der Kreisverwaltung des Herzogtums Lauenburg, hat Amtsgericht; Realschule, Lauenburgische Gelehrtenschule (Gymnasium), Volkshochschule; Ruderakademie des Dt. Ruderverbandes; Barlachmuseum. Bedeutender Wirtschaftsfaktor ist der Fremdenverkehr. Historische Bauten und Sehenswürdigkeiten: Romanischer Dom (1170-1220); Stadtkirche (1791); Barlach-Gedenkstätte im »Vaterhaus«; Kreismuseum (Sammlungen zur Landes- und Stadtgeschichte).

Lindau – »die Inselstadt im Bodensee«

Das vor dem nördlichen Alpenrand liegende »Schwäbische Meer« – das Zungenbecken des gewaltigen eiszeitlichen Rheingletschers – ist das größte Binnengewässer Deutschlands und der drittgrößte See in Europa. Die längste Nord-Süd-Ausdehnung beträgt 19 km, die größte Breite, von NW nach SO, 72 km, zwischen Bregenz und Stein a. Rhein. Von der insgesamt 539 km² umfassenden Wasserfläche gehören 305 km² zu Deutschland, wobei der deutsche Anteil der 263 km langen Uferstrecke 168 km beträgt, davon gehören 150 km zum Land Baden-Württemberg und 18 km zum Freistaat Bayern. Die mittlere Wasserspiegelhöhe ist 395, 45 ü. NN, die tiefste Stelle mißt 252 m.

Der schon von den Römern als »Lacus Brigantinus« erwähnte See gliedert sich in drei Becken: Der Obersee erstreckt sich zwischen Konstanz und Bregenz und ist bis zu 252 m tief, der Überlinger See zwischen Bodanrücken und Linzgau mit der Insel Mainau besitzt mit 150 m seine tiefste Stelle und der nördliche Teil des bis zu 46 m tiefen Untersees mit der Insel Reichenau unterteilt sich nochmals in den Gnadensee und den Zeller See. Der Bodensee wird vom Rhein durchflossen; der Einfluß liegt am Südostufer zwischen Bregenz und Rorschach, der Ausfluß befindet sich am Ende des Untersees bei Stein am Rhein. Der Bodensee im Dreiländereck vor den Alpen ist – begünstigt durch das südlich milde Klima – ein Zentrum des internationalen Tourismus.

Inseltelegramm von Lindau

Längste Nord-Süd-Ausdehnung: 750 m; Größe Breite: 1200 m; Fläche: 56.75 ha; Kürzeste Entfernung zum Seeufer: 160 m; Größte Entfernung zum Seeufer: 400 m; Verbindungen zum Seeufer: eine Straßenbrücke, ein Eisenbahndamm, der für Fußgänger begehbar ist; Geologische Oberflächenstruktur: Geschiebelehm und blauer Schlegelletten; Momentaner Status der Insel: historische Altstadt mit Zentrumsfunktion für Lindau.

Ortstelegramm von Lindau:

N 33,01 km²; O Lindau; I Bayern; ; 88131, Bregenzer Str 6; Gem.-Schlüssel: 09776116; n 08382/918-0; 7 LI; æ 400 m NN; Geo. Länge: 009° 41' 14" Ost, Geo. Breite: 47° 32' 46" Nord; V 25.000, davon 3000 auf der Insel; zu erreichen über die A96, A7, B 12, 18, 31; + EC-Station der internationalen Strecken München Lindau Zürich/Genf und Paris Straßburg Lindau Innsbruck; r Tourist-Information, 08382/2600-30

Um 800 gründeten Benediktinerinnen ein Kloster auf der Insel (reichsunmittelbares Damenstift seit 1466. Eine in der Nähe angelegte Fischersiedlung (erste urkundliche Erwähnung 822) erhielt 1079 durch die Verlegung des stiftischen Marktes von Aeschach (Festland) auf die Insel zusätzliche Bedeutung. Linden, die in der feuchten Uferzone (»Aue«) des Bodensees wuchsen, gaben der Stadt Lindau ihren Namen. Im 12. Jahrhundert war die Insel bereits befestigt; im ersten Viertel des 13. Jahrhunderts wurde Lindau Freie Reichsstadt. Im Mittelalter war die Stadt wichtige Durchgangsstation auf der Reise nach Süden. 1728 vernichete ein großer Brand das Stadtviertel. 1802 ging Lindau in den Besitz des Fürsten von Bretzenheim über. Nach kurzer Zugehörigkeit zu Österreich 1804/1805 fiel die Stadt an Bayern. Kurios: nach dem Zweiten Weltkrieg hatte der gesamte Kreis Lindau eine Sonderstellung: er gehörte, im Gegensatz zu seinem unmitelbaren politischen und geographischen Umfeld, zur französischen Besazungszone und wurde erst wieder 1955 Bayern angegliedert.

Die Stadt Lindau liegt am Nordufer des Bodensees. Im Süden der Inselstadt befindetsich der Hafen (mit dem Wahrzeichen Leuchtturm und Löwe). Der Luftkurort mit bedeutendem Frerndenverkehr (internationale Spielbank) ist Tagungs- und Kongreßstadt. Lindau hat Kreisverwaltung, Hauptzollamt; Mittelschulen, Gymnasien, Berufs- und Berufsaufbauschule, Haushaltungsschulen; Maschinen-, Gummi- und Textilindustie, elektronische Fertigung von Kühlanlagen, Kunststoffverarbeitung, Herstellung von Fruchtstften; Obst- und Weinanbau.

Historische Bauten und Sehenswürdigkeiten: Peterskirche (um 1000) mit Wandmalereien Hans Holbeins d. Ä. (gegen Ende des 15. Jahrhunderts). Stifskirche (nach dem Stadtbrand um 1750 neu erbaut). Kirche St. Stephan (1180 erbaut, später mehrmals verändert). Haus »Zum Cavazzen« (1729/30) mit stätischen Kunstsammlungen. Altes Rathaus (1422/36) mit Stadtarchiv und Stadtbibliothek (bedeutende Bibelsammlung). Fachwerkhäuser, Laubengänge, Rest der alten Stadtbefestigung (Mangturm, Diebsturm, Heidenmauer).

Reichenau – »die grüne Insel im Bodensee«

Zum Bodensee (Untersee) siehe vorangegangener Text bei Lindau.

Inseltelegramm:

Längste Nord-Süd-Ausdehnung: 4500 m; Größe Breite: 1500 m; Fläche: 430 ha Kürzeste Entfernung zum Seeufer: 1200 m; Größte Entfernung zum Seeufer: 1600 m; Verbindungen zum Seeufer: Damm und Brücke; Geologische Oberflächenstruktur: Moränenschutt; Momentaner Status der Insel: Besiedelung.

Ortstelegramm von Reichenau

N 12,72 km²; O Konstanz; I Baden-Württemberg; ; 78479 Reichenau, Baden, Haitostr. 4A; Gem.-Schlüssel: 08335066; n 07534-801-0; 7 KN; æ 4041 m NN; Geo. Länge: 009° 03' 46" Ost, Geo. Breite: 47° 41' 38" Nord; V 4500; zu erreichen über die B33; r Tourist-Information, 07534/9207-0.

Die geschichtliche Blütezeit der Insel liegt zwischen 724 und 1100. Pirmin, der Gründer des Klosters Reichenau, war der erste in der langen Reihe von Äbten, die als wahre Kirchenfürsten starken Einfluß auf Politik, Architektur, Literatur, Musik und Malerei für ganz Europa hatten. Reichenau war ein Zentrum der frühmittelalterlichen Schriftkunst und Buchmalerei. 1535 kam das Kloster an das Bistum Konstanz; 1803 wurde es aufgehoben.

Reichenau ist anerkannter Erholungsort auf der gleichnamigen Insel im westlichen Teil des Bodensees (Untersee), bestehend aus den Ortsteilen

Oberzell, Mittelzell, Niederzell auf der Insel und dem Ortsteil Lindenbühl auf dem Festland. Die Gemeinde hat Grundschulen, Hauptschule; Betriebe für Wärmetechnik und zur Zucht von Nützlingen zur Schädlingsbekämpfung. Das die Insel Reichenau heute eine der größten Gärten Deutschlands ist, liegt an ihrer Lage und dem milden Bodenseeklima. Ihrer Fruchtbarkeit verdankt die Insel auch ihren Namen: Reichenau ist abgeleitet von »reiche Aue«. Gemüseanbau, Weinbau und Fischfang spielen auch heute, wie seit vielen Jahrhunderten, die wichtigsten Rollen im Reichenauer Erwerbsleben. Ein bedeutender Wirtschaftsfaktor ist außerdem der Fremdenverkehr.

Historische Bauten und Sehenswürdigkeiten: Drei Kirchen, die alle zu den ältesten in Deutschland gehören, prägen das Bild der Insel: Das Münster (724), St. Georg (888) und St. Peter und Paul (799).

Die Bodenseeinsel Reichenau ist einer der größten Gemüsegärten Deutschlands.

Mainau – »die Blumeinsel im Bodensee«

Zum Bodensee (Untersee) siehe vorangegangener Text bei Lindau.

Inseltelegramm:

Längste Nord-Süd-Ausdehnung: 1100 m; Größe Breite: 610 m; Fläche: 44 ha Kürzeste Entfernung zum Seeufer: 130 m; Größte Entfernung zum Seeufer: – Verbindungen zum Seeufer: eine Brücke und Personenschiffe; Geologische Oberflächenstruktur: abgesunkene Molassescholle: Momentaner Status der Insel: Park mit vielen floralen Attraktionen.

Die nördlich von Konstanz liegende Insel Mainau (Bild links) mit dem 1739 – 1746 vom Deutschordensbaumeister J. K Bagnato erbauten Schloß und der reich ausgestatteten Schloßkirche (1734) ist mit ihrer einmaligen Blumenpracht und dem großen Bestand an exotischen Pflanzen, u. a. Bananen, Orangen, Zitronen und Eukalyptus, eines der meistbesuchten

Ausflugsziele in Süddeutschland. Vom Frühling bis zum Herbst bilden die Schloßgärten auf der Insel ein einziges Blütenmeer. Im Arboretum sind u. a. 120jährige Bäume und seltene Gehölze aus allen Teilen der Welt zu bewundern. Die Insel war früher eine Sommerresidenz ihrer jeweiligen Besitzer und wurde teilweise landwirtschaftlich genutzt. Heute ist sie im Besitz einer Stiftung unter Leitung des schwedischen Grafen Lennart Bernadotte.

Insel Herrenchiemsee

Auch der Chiemsee, das »Bayerische Meer« entstand, wie alle Voralpenseen, durch das Abschmelzen der Eiszeitgletscher. Der mit einer Länge von 10,7 km und einer Breite von 14 km größte See Bayerns und zweitgrößte der Bundesrepublik wurde schon um 800 erstmals als »Chieminseo« erwähnt. Seine Hauptzuflüsse sind die Tiroler Ache und die Prien, den Abfluß im Norden bildet die Alz, die später in den Inn mündet. Von weiten verlandeten Moosflächen wird das Südufer des Chiemsees begrenzt, der einst bis nach Marquartstein reichte. Die mittlere Wasserspiegelhöhe beträgt 518 m, die Fläche, je nach Wasserstand beträgt 80 km^2.

Drei Inseln liegen in dem bis 74 m tiefen See: Herrenchiemsee mit dem Königsschloß, Frauenchiemsee mit dem vor 1200 Jahren gegründeten Nonnenkloster und die kleine unbewohnte Krautinsel.

Am 68 km langen Ufer rund um den See findet man bekannte Kur- und Erholungsorte, die durch die Motorboote der Chiemsee-Schiffahrt verbunden sind. Der Chiemsee ist Bayerns größtes und bekanntestes Wassersportzentrum.

Inseltelegramm von Herrenchiemsee:

Längste Nord-Süd-Ausdehnung: 2200 m; Größe Breite: 2500 m: Fläche: 240 ha Kürzeste Entfernung zum Seeufer: 375 m; Größte Entfernung zum Seeufer: 8760 m; Verbindungen zum Seeufer: Schiff; Geologische Oberflächenstruktur: überNagelfluhfels ca. 2 – 3 m Erdreich: Momentaner Status der Insel:
Auf der Insel befindet sich das Prunkschloß König Ludwigs II von Bayern; landwirtschaftliche Nutzung.

Der Schloßbau zu Herrenchiemsee nahm Mangels Geldmasse ein vorzeitiges Ende. Im Spiegelsaal des Schlosses »spiegelt« sich das architektonische Monument königlicher Großmachtssucht wider.

Nach Kelten und Römer erste christliche Besiedelung im 7. Jahrhundert. Bis 1803 Augustiner Chorherrnstift. König Ludwig II kaufte im Jahre 1873 die Insel »Herrenwörth«, auf der vom 8. Jh. bis zur Säkularisation (1800) ein Kloster stand. Nach dem Vorbild von Versailles ließ er 1878 – 85 das Neue Schloß mit kostbar ausgestatteten Prunkräumen, u. a. der 77 m langen Spiegelgalerie, und den Wasserspielen im Garten errichten. In dem Schloß ist heute das König-Ludwig-II-Museum untergebracht. Das »bayerische Versailles« auf der Insel Herrenchiemsee kann ganzjährig besichtigt werden.

Insel Frauenchiemsee (Fraueninsel)

Zum See siehe oben bei Herrenchiemsee

Inseltelegramm:

Längste Nord-Süd-Ausdehnung: 625 m; Größe Breite: 260 m; Fläche: 13,5 ha
Kürzeste Entfernung zum Seeufer: 1000 m; Größte Entfernung zum Seeufer: 7850 m; Verbindungen zum Seeufer: Schiff; Geologische Oberflächenstruktur: überNagelfluhfels ca. 2 – 3 m Erdreich; Momentaner Status der Insel: Dörfliche Besiedelung, Fremdenverkehr.

Nach Kelten und Römern Gründung eines Frauenklosters im 8. Jahrhundert, das heute noch als Benediktinerinnen Kloster besteht. Bewohner der Fraueninsel waren Angestellte das Klosters.

Die Klosterkirche St. Maria– im Ursprung eine romanische Basilika – erhielt im 12. Jh. den Chorumgang (wohl der älteste im Voralpenland). Streng byzantinischen Stil strahlen die Wandmalereien in den Arkaden dieses Chorumganges aus. Die Fresken der Kirche stellen wahrscheinlich die älteste hochromanische Malerei Deutschlands dar (leider nur noch teilweise zu erkennen). Der Glockenturm aus dem 13. Jahrhundert, der wie ein italienischer Campanile frei neben der Kirche steht, wird von einer achteckigen Zwiebelhaube gekrönt.

Die Tonhalle mit dem Turm aus der Karolingerzeit mit den sehenswerten Wandmalereien aus dem 11. Und 13. Jahrhundert ist der älteste vollständig erhaltene Hochbau Bayerns. Von den übrigen Klosterbauten ist kaum noch etwas erhalten.

Mit 9 Meter Durchmesser ist der freistehende Glockenturm auf der Fraueninsel ungewöhnlich dick. Es wird vermutet, daß er als Fluchtturm Schutz vor Angriffen bot. Der Unterbau dürfte aus karolingischer Zeit stammen, Die oberen Teile 13. bis 14. Jh., Zwiebelhelm um 1600, Der Unterbau dieses Kirchturms ist wohl eines der ältesten Bauwerke Bayerns.

Insel Wörth im Wörthsee

Mit zwei Kilometer Länge und 1750 Meter Breite gehört der Wörthsee zu den kleineren Gewässern des bayerischen »Fünfseenlandes«. Der abseits des großen Touristenstromes liegende See liegt südwestlich von München. Ihn erreicht man - wie den benachbarten größeren Ammersee - von München aus über die A 96 und B 12. Die Fläche des Sees beträgt je nach Wasserspiegel 4,5 km^2, seine mittlere Wasserspiegelhöhe 560 m N.N. und die größte Wassertiefe beträgt 33 m. Der überwiegende Teil des 8,5 km langen Seeufers befindet sich leider in Privatbesitz.

Inseltelegramm:

Längste Nord-Süd-Ausdehnung: 70 m; Größe Breite: 25 m; Fläche: 0,17 ha Kürzeste Entfernung zum Seeufer: 100 m; Größte Entfernung zum Seeufer: 1000 m; Verbindungen zum Seeufer: Steg; Geologische Oberflächenstruktur: - Historischer Hintergrund der Insel: Sommerresidenz; Momentaner Status der Insel: geschützter Landschaftsbestandteil, Wohnung.

Nur manche Stellen am Bacherner Ufer geben heute den Blick frei auf das Schlößchen auf der Insel im Wörthsee und das ist auch nur der kärgliche Rest einer einstmals viel größeren Schloßanlage. Urkundlich verbürgt ist die Insel zum ersten Mal in einer Urkunde des Jahres 1369.

Der See wurde damals als »Ausee« bezeichnet. Im Mittelhochdeutschen bezeichnet »ouwe« ursprünglich so viel wie Insel, erst später wurde das Wort für die Benennung von feuchten Landschaftsteilen verwendet. Mainau, Reichenau, Lindau ließen sich als Belege für die Inselbenennung anführen. Auch »werd« bedeutet im hohen Mittelalter soviel wie Insel oder zumindest Uferland. Bis weit ins 19. Jahrhundert wurde immer vom »Asee« oder »Ausee« gesprochen, die Benennung Wörthsee ist neueren Datums.

Schloß Wörth auf der Insel Wörth im Wörthsee auf auf einem Stich um 1700.

Die Geschichte des Wörthsees hat viel Adel gesehen. Als Lehensherr der Greifenberger Verkäufer sind die Eichstätter Bischöfe überliefert. Im Jahre 1414 vertauscht ein Bischof seine Lehensherrschaft über See und Insel an einen anderen Herrn, an Schweiker von Gundelfingen, zu jener Zeit Herrschaftsinhaber zu Seefeld. Dieser gibt es an Jörg Katzmair weiter. See und Insel sind also kein freies Eigentum, sie unterliegen dem Recht eines Lehensherrn.

Mit Ausnahme der Zeit Martin Katzmairs diente die Insel nur selten als Wohnsitz seiner Besitzer. Ansässig waren nur die Fischer, die für ihre Herrschaft dort das Fischrecht ausübten.

Neben der Fischerei diente die Insel mit ihren gut drei Tagwerk landwirtschaftlicher Nutzfläche der Landwirtschaft. Nachdem sich sehr schnell herausgestellt hatte, wie mühsam es war, z. B. Heu von der Insel aufs Land zu transportieren, benützte man die Inselweide für das Jungvieh, das dort eine Sornmerweide hatte.

Zu Beginn dieses Jahrhunderts schließlich wurde die Wörth aufgeforstet. Heute ist die Insel Landschaftsschutzgebiet und wird nur noch von einer Familie bewohnt.

Roseninsel im Starnberger See

Über die A 95 und A 952 erreicht man in kürzester Zeit den ca. 35 km südwestlich von München gelegenen Starnberger See, der früher auch Würmsee hieß.. Der 21 km lange See mißt an seiner tiefsten Stelle 127,80 m und seine größte Breite beträgt 5 km. Vor 12 000 Jahren entstand er aus dem Schmelzwasser eines Eiszeit-Gletschers und ist heute aufgrund seiner verkehrsgünstigen Lage ein vielbesuchtes Ausflugsziel der Münchner Bevölkerung. Die Fläche beträgt je nach Wassertiefe 5589 ha und die mittlere Waserspiegelhöhe 584,17 m ü. NN. Das nach dem Chiemsee zweitgrößte Gewässer in Bayern war einst als »Fürstensee« des Fünfseenlandes der bevorzugte Sommersitz der bayerischen Hofgesellschaft, deren Schlösser und Herrenhäuser noch heute an den Panoramahängen zu finden sind.

Inseltelegramm:

Längste Nord-Süd-Ausdehnung: 148 m; Größe Breite: 168 m; Fläche: 2,412 ha Kürzeste Entfernung zum Seeufer: 160 m; Größte Entfernung zum Seeufer: 13400 m; Verbindungen zum Seeufer: Fähre; Geologische Oberflächenstruktur:– Historischer Hintergrund der Insel: Steinzeitliche Besiedlung mit Pfahlbauten. In der Karolingerzeit Errichtung einer Steinkapelle. Bis Mitte des 19. Jahrhunderts Fischerinsel. Ab 1850 Anlage eines Rosengartens und eines landschaftlichen Parks sowie Erbauung eines Landhauses unter König Max.II. von Bayern. Momentaner Status der Insel: Landschaftsschutzgebiet, Parkanlage, gelegentlich zum Baden benutzt.

Vor dem Westufer bei Feldafing liegt, als einzige Insel im Starnberger See, die Roseninsel mit der vom bayerischen König Max II. erbauten Villa im pompejanischen Stil, zu der man sich mit einer originellen Gondel hinüberrudern lassen kann

Die Roseninsel ist die einzige Insel im Starnberger See, dem zweitgrößten Gewässer in Bayern.

Die Inseln im Staffelsee

Westlich der A 95 München – Garmisch-Partenkirchen liegt der wärmste See Bayerns mit seinen sieben baumbestandenen Inseln. Die längste Nord-Süd-Ausdehnung beträgt 3,6 km, seine größte Breite 3,75 km. Die Fläche ist je nach Wasserstand 7,7 km^2 groß und die mittlere Wasserspiegelhöhe liegt auf 648 m. Das eisenhaltige und heilkräftige Wasser des flachen Moorsees, dessen größte Wassertiefe 38 m beträgt, erwärmt sich sehr schnell und ließ ihn zum bevorzugten Ausflugs- und Ferienziel im Voralpenland werden.

1. Insel Wörth

Inseltelegramm:

Längste Nord-Süd-Ausdehnung: 600 m; Größe Breite: 1150 m; Fläche: 36,5 ha Kürzeste Entfernung zum Seeufer: 300 m; Größte Entfernung zum Seeufer: – Verbindungen zum Seeufer: Schiff; Geologische Oberflächenstruktur: Nagelfluhfels; Historischer Hintergrund der Insel: der älteste Kirchenbau der Umgebung stand auf der Insel Wörth, früher Kloster Staffelstein. Momentaner Status der Insel: landwirtschaftliche Nutzfläche, 1 landwirtschaftlicher Betrieb, 1 Wohnhaus, 1 Kapelle.

Auf Wörth, der größten Insel im Staffelsee, soll bereits in frühchristlicher Zeit ein Kloster gestanden haben. Angeblich ist hier sogar eine der ältesten Handschriften in deutscher Sprache – das »Wessobrunner Gebet« aus dem frühen 9. Jahrhundert – lange Zeit aufbewahrt worden.

2. Buchau

Inseltelegramm:

Längste Nord-Süd-Ausdehnung: 500 m; Größe Breite: 200 m; Fläche: 4,54 ha Kürzeste Entfernung zum Seeufer: 150 m; Größte Entfernung zum Seeufer: - Verbindungen zum Seeufer: - Geologische Oberflächenstruktur: Nagelfluhfels Historischer Hintergrund der Insel: - Momentaner Status der Insel: Landschaftsschutzgebiet, Zeltplatz

3. Große Birke

Inseltelegramm:

Längste Nord-Süd-Ausdehnung: 110 m; Größe Breite: 380 m; Fläche: 2,3 ha Kürzeste Entfernung zum Seeufer: 500 m; Größte Entfernung zum Seeufer: - Verbindungen zum Seeufer: Schiff; Geologische Oberflächenstruktur: Nagelfluhfels; Historischer Hintergrund der Insel: - Momentaner Status der Insel: Zeltplatz des Deutschen Kanuverbandes, 1 Wochenend-Badehütte.

4. Mühlwörth

Inseltelegramm.

Längste Nord-Süd-Ausdehnung: 90 m: Größe Breite: 120 m; Fläche: 0,75 ha Kürzeste Entfernung zum Seeufer: 330 m; Größte Entfernung zum Seeufer: - Verbindungen zum Seeufer: - Geologische Oberflächenstruktur: Nagelfluhfels; Historischer Hintergrund der Insel: - Momentaner Status der Insel: 1 Wochenendhaus, Boots- und Badehütte, Landschaftsschutzgebiet.

Die Inseln Kleine Birke, Gnadeneiland und St. Jakob, die zusammen eine Fläche von 0,283 ha haben, besitzen weder einen historischen Hintergrund, noch werden sie momentan in irgendeiner Art genutzt. Darum wurden sie hier nur statistisch aufgenommen.

Insgesamt sieben Inseln liegen im Staffelsee, wovon die Insel Wörth mit Abstand die größte und historisch interessanteste ist.

Insel Wörth im Schliersee

Der 2,6 km lange und 1,2 km breite See liegt 56 km südlich vom München. Über die A 8 München-Salzburg und ab Miesbach auf der B 307 ist der 40,5 Meter tiefe See bequem zu erreichen. Seine Fläche beträgt je nach Wasserstand 222 ha und seine mittlere Wasserspiegelhöhe 23,9 m. Vom Flugzeug aus betrachtet, liegt der Schliersee einem Auge gleich im Kranz der Berge. Auch die Pupille fehlt nicht: die Insel Wörth in der Mitte des Sees (Bild).

Inseltelegramm:

Längste Nord-Süd-Ausdehnung: 100 m; Größe Breite: 200 m; Fläche: 1,88 ha Kürzeste Entfernung zum Seeufer:: 200 m: Größte Entfernung zum Seeufer: 1400 m; Verbindungen zum Seeufer: private Schiffahrtslinie; Geologische Oberflächenstruktur: bewaldeter Flyschrücken; Historischer Hintergrund der Insel: früher in Privatbesitz mit einer Wohnnutzung. Momentaner Status der Insel: Seit der Übernahme durch den Freistaat Bayern unbewohnt. In den Sommermonaten wird für Badegäste ein Kioskbetrieb aufrechterhalten.

Insel Sassau im Walchensee

Südlich des Kochelsees - an der B 11 in Richtung Mittenwald - liegt der knapp fünf Kilometer lange und fast sieben Kilometer breite Walchensee. Der mit 198 m tiefste See Bayerns hat eine Fläche je nach Wasserstand von 16 km^2 bei einer mittleren Wassersiegelhöhe von 799 m.

Inseltelegramm:

Längste Nord-Süd-Ausdehnung: 120 m; Größe Breite: 420 m; Fläche: 3,7 ha Kürzeste Entfernung zum Seeufer: 210 m; Größte Entfernung zum Seeufer 5100 m; Verbindungen zum Seeufer: - Geologische Oberflächenstruktur: - Historischer Hintergrund der Insel: - Momentaner Status der Insel: Naturschutzgebiet.

Einmalig ist die Pflanzenwelt auf der kleinen Insel Sassau. Dort konnte sich - durch keinerlei Wildverbiß gestört - ein in dieser Zusammensetzung sonst nirgends vorkommender Buchen-, Tannen,- und Eibenmischwald entwickeln.

Insel Burgstall im Abtsdorfer See

Südwestlich der Grenzstadt Laufen an der Salzach – zu erreichen über die B 20 Freilassing-Burghausen – findet man den in Wiesen, Hügel und Wälder des Berchtesgadener Voralpenlandes eingebetteten Abtsdorfer See. Der abseits des Touristenstromes liegende See mit seinem warmen, moorhaltigen Wasser ist vorn Frühjahr bis zum Herbst ein Ziel der Bade- und Surffreunde.

Inseltelegramm:

Längste Nord-Süd-Ausdehnung: 300 m; Größe Breite: 60 m; Fläche: 1,73 ha Kürzeste Entfernung zum Seeufer: 80 m; Größte Entfernung zum Seeufer: 900 m: Verbindungen zum Seeufer: keine, früher Brücke zum Westufer; (Piloten unter dem Wasser noch sichtbar); Geologische Oberflächenstruktur: Sand, Kies, Waldboden; Historischer Hintergrund der Insel: – Momentaner Status der Insel: Landschaftsschutzgebiet, von Fischern, Seglern, Ruderern und Schwimmern betreten.

Die im Abtsdorfer See befindliche 1,73 ha große Insel führt den Namen »Burgstall« und ist mit Wald, Strauchwerk und Schilf bewachsen. Bereits in einer Urkunde vom 29. August 1134 betreffend das »Brückenprivileg von Vöklabruck« wird unter den Zeugen als erster ein Otto de Burgetal neben weiteren Zeugen aus dieser Gegend, nämlich Wolfram de Leustetten (Leustetten, Gde. Saaldorf) und Pilgrim de Surham genannt, so daß man vermutet, daß dieser Otto de Burgstall auf der Insel seinen Sitz und seine Burg hatte.

1355 wurde an die Herren von Kuchel die Erlaubnis erteilt, auf der Insel im Abtsee ein Schloß zu errichten. Der Erzbischof von Salzburg Ortholf, zu dem damals die Burg und die Gegend um den Abtsee gehörte, gab dazu seine Einwilligung,. eine »Veste« zu bauen.

Schon kurze Zeit nach der Erbauung der Veste kam es immer wieder zu Scharmützeln zwischen den Bayerischen Herzögen und dem Erzbischof PilgrimII. Im Jahre 1388 rückten die Truppen des Schwäbischen Bundes vor die Inselburg, eroberten diese und zerstörten sie bis auf einige Reste.

Bis zu Beginn des 19. Jahrhunderte blieben die Ruinen dieser Burg bestehen. Nach und nach verschwanden auch diese Reste, welche zum Bau für die Häuser der Umgebung Verwendung fanden. Heute sind nur mehr die Gräben vorhanden, in denen die Grundmauern lagen.

Die Insel Burgstall im Abtsdorfer See

Insel Kampenwerder im Schaalsee

Südöstlich des Ratzeburger Sees liegt der 14,5 km lange und 5,5 km breite Schaalsee, der sich aus verschiedenen kleineren Seen zusammensetzt. Die Gesamtfläche beträgt je nach Wasserstand 2306 ha. Die mittlere Wasserspiegelhöhe beträgt + 35 m ü. NN und die größte Wassertiefe 71,5 m. Der See liegt an der Autobahn 42 Hamburg - Berlin.

Inseltelegramm:

Längste Nord-Süd-Ausdehnung: 2800 m; Größe Breite: 2100 m; Fläche: 2500 ha; Kürzeste Entfernung zum Seeufer: 100 m; Größte Entfernung zum Seeufer 2600 m; Verbindungen zum Seeufer: - Geologische Oberflächenstruktur: glazial geprägt durch das Pommersche Stadium der Weichselvereisung, Grundmoränenbildung. Historischer Hintergrund der Insel: landwirtschaftliche Nutzung. Bis zur »Wende« war die Insel Ausbildungsstädte der Staatssicherheit der DDR und deshalb völlig isoliert. Momentaner Status der Insel: z.T. landwirtschaftliche Nutzung, z. T. Naturschutzgebiet.

Burgwallinsel im Teterower See

Nordöstlich der Stadt Teterow liegt der 2,5 km lange und 1,7 km breite See gleichen Namens. Die Flächenausdehnung dieses Binnengewässers beträgt je nach Wasserstand 360 - 400 ha. Seine mittlere Wasserspiegelhöhe beträgt 5 m ü. NN und seine größte Wassertiefe ca. 12 m. Zu erreichen ist der Teterower See von der Autobahn 14 Rostock - Berlin, Abfahrt Güstrow und dann über die B 104 nach Teterow.

Inseltelegramm:

Längste Nord-Süd-Ausdehnung: 1000 m; Größe Breite: 300 m; Fläche: 10,8 ha Kürzeste Entfernung zum Seeufer: 70 m; Größte Entfernung zum Seeufer 1500 m: Verbindungen zum Seeufer: Fähre; Geologische Oberflächenstruktur: Sandablagerungen auf Grundmoräne; Historischer Hintergrund der Insel: Burgwallanlage; Momentaner Status der Insel: Landschaftsschutzgebiet, Ausflugsziel und Erholungsgebiet (saisonal).

Die Burgwallinsel wird deshalb so genannt, weil sich auf ihr eine der in Mecklenburg zahlreichen Burgwälle aus slawischer Zeit befindet. Die Burgperiode reicht vom 7. oder 8. Jahrhundert bis zum Ende des 12. Jahrhunderts. Die Burg, deren Wälle heute noch zu erkennen sind, hat in friedlichen Zeiten sicherlich nur wenige Bewohner beherbergt. Vielmehr diente sie der slawischen Bevölkerung, die in Siedlungen rings um den See wohnte, bei Gefahr als Zufluchtstätte.

Die Burgwallinsel im Teterower See zu slawischen Zeit (nach E. Schuldt). Sie diente den Bewohnern, welche die Gegend um den See besiedelten, bei Gefahr als Zufluchtstätte.

Ausgrabungen lieferten den Nachweis, daß als Hauptverbindung vom Festland eine 720 m lange und 4,20 m breite eichene Brücke diente, die in ihrer ganzen Länge ohne jeden eisernen Nagel oder Bolzen allein durch kunstvolle Holzverbände zusammengehalten war. Diese Brücke ist ein in Europa einmaliges historisches Denkmal.

Archäologischer Befund und Rekonstruktion der Brücke vom Ufer des Teterower Sees zur Burgwallinsel

Gleiche Bewunderung erregen die auf Eichenrosten aufgeschütteten 9 10 m hohen Erdwälle, welche die Vor- und Hauptburg umgeben. Zur Seeseite fiel der Wall direkt zum Wasser hin ab.

Die Burgwallinsel erhält einen besonderen Reiz durch das Auftreten riesiger Königskerzen und einer Reihe anderer, in Mecklenburg sehr seltener Pflanzen. So wächst zum Beispiel auf den Wällen der Hauptburg der Erdstern (Geastrum fornicatum), ein Pilz, dessen Vorkommen in Mecklenburg nur auf die Insel im Teterower See beschränkt ist.

Teilansicht der Burgwallinsel im Teterower See

Inseln im Schweriner See

Mit 65 km² Wasserfläche läßt der Schweriner See die benachbarten Seen der westlichen Mecklenburgischen Seenplatte weit hinter sich. Er füllt eine vom Gletschereis ausgeschürfte Tiefenrinne. Der zu den Mecklenburger Oberseen gehörende See hat eine Nord-Süd-Ausdehnung von ca. 24 km und seine größte Breite beträgt ca. 6 km. Der See ist 57 m tief und die mittlere Wasserspiegelhöhe beiträgt 37, 82 m ü M. Der 1842 angelegte Paulsdamm teilt den See in den südlichen Innensee und den Außensee, in diesem Teil liegt auch die nachfolgend beschriebene Insel Lieps.

1. Insel Lieps (Außensee)

Inseltelegramm

Längste Nord-Süd-Ausdehnung: 2300 m; Größe Breite: 320 m; Fläche: 35 ha
Kürzeste Entfernung zum Seeufer: 750 m; Größte Entfernung zum Seeufer 7000 m; Verbindungen zum Seeufer: - Geologische Oberflächenstruktur: Endmoräne; Historischer Hintergrund der Insel: seit dem 12. Jahrhundert landwirtschaftliche Nutzung, Acker/Weideland ab 1946 besiedelten zwei Familien die Insel bis Ende der 50er Jahre, da ein Feuer Stall und Scheune vernichteten. Seitdem nur noch Weideland; Momentaner Status der Insel: Landschaftsschutzgebiet Schweriner Seenlandschaft, extensive Weidenutzung, ca. 20 Rinder.

2. Insel Kaninchenwerder (Innensee)

Inseltelegramm:

Längste Nord-Süd-Ausdehnung: 1050 m; Größe Breite: 550 m; Fläche: 33,14 ha
Kürzeste Entfernung zum Seeufer: 750 m; Größte Entfernung zum Seeufer: 6600 m; Verbindungen zum Seeufer: Fähre von Zippendorf oder Schwerin; Geologische Oberflächenstruktur: Kleine Endmoränengabel
Historischer Hintergrund der Insel: Von 1756 - Mitte des 19. Jahrhunderts Ziegelei; Ende des 19. Jh. Französiche Kriegsgefangene auf der Insel.
1895 Bau des Aussichtsturms. Seit 1923 NSG. Ab 1970 Wiedererschließung

zum Naherholungsgebiet mit Gaststätte. Momentaner Status der Insel: NSG »Kaninchenwerder und Großer Stein« (Brutplatz des Seeadlers); Naherholungsgebiet, Imbißgaststätte, Aussichtsturm, Sportboothafen.

Die bewaldete Insel Kaninchenwerder steht unter Naturschutz und ist Brutplatz des Seeadlers. Begehbare Wege führen bis zum Aussichtsturm.

3. Insel Ziegelwerder (Innensee)

Inseltelegramm:

Längste Nord-Süd-Ausdehnung: 900 m; Größe Breite: 500 m; Fläche: 26,08 ha Kürzeste Entfernung zum Seeufer: 600 m; Größte Entfernung zum Seeufer: 7000 m; Verbindungen zum Seeufer: - Geologische Oberflächenstruktur: Endmoränenlandschaft; Historischer Hintergrund der Insel: Ende des 16. Jh. Beginn mit Ziegeleibetrieb bis 1944. 1945 Bodenreform, seitdem landwirtschaftliche Nutzung. Seit 1983 wurde das südliche Gehöft verlassen. Momentaner Status der Insel: NSG seit 1990. Nordhälfte ein bewirtschaftetes Bauerngehöft mit Schafhaltung und Obstanbau.

4. Schloßinsel

Inseltelegramm:

Längste Nord-Süd-Ausdehnung: 250 m; Größe Breite: 230 m; Fläche: 4,5 ha Kürzeste Entfernung zum Seeufer: 30 m; Größte Entfernung zum Seeufer: 6000 m; Verbindungen zum Seeufer: zwei Brücken; Geologische Oberflächenstruktur: Endmoränenlandschaft; Historischer Hintergrund der Insel: - Momentaner Status der Insel: Landtagssitz, Schloßmuseum, Burggarten, Sommertheater im Innenhof.

Auf der Schloßinsel steht das Schweriner Schloß und blickt mit seinen Türmen und Türmchen direkt auf die Stadt deren Namen es trägt

Inseln im Krakower See

Der Krakower See liegt im südlichen Teil des Landkreises Güstrow. zwischen der Bundesstraße B 103 und der Autobahn A19, nahe der Stadt Krakow am See. Die längste Nord-Süd- Ausdehnung des Sees beträgt 11,750 km, seine größte Breite 5,625 km. Je nach Wasserstand ist der See 15 km² groß. Die mittlere Wasserspiegelhöhe ist 47,6 NN und die größte Wassertiefe 27,5 m.

Der Krakower See ist mit 17 (!) Inseln geradezu »gesegnet«. Die kleinen Inseln Starkenwerder, Wolbenwerder, Eichwerder, Küche, Borgwall, Steinwerder, Hardenort, Rauchstelle und Lindwerder besitzen zusammen eine Fläche von nur drei ha und sind daher lediglich statistisch erwähnenswert. Historisch ist allerdings interessant, daß die Inseln Eichwerder, Küche und Borgwall in wendischer Zeit eine geschützte Inselsiedlung waren. Vom 13. - 15 Jh. wurden die drei Inseln von deutschen Fischern bewohnt.
Alle 17 Inseln wurden in der jüngeren Dryarzeit auf eine einheitliche Höhe (48,5 - 49,0 NN) abgetragen. Sie sind von »Terassensanden« aus dieser Zeit umgeben bzw. durch sie verbunden. Verwaltung: Amt Krakow am See.

Die größeren Inseln sind im Telegramm:

Insel Schwerin , 17,5 ha, Viehweide; Insel Großer Werder, 17,4 ha, Viehweide; Insel Ehmkenwerder/Lehmwerder, 9,2 ha, forstwirtschaftliche Nutzung; Insel Lieps, 7,2 ha, teilweise Viehweide; Insel Rauwerder, 2,7 ha, Viehweide/Naturschutzgebiet; Insel Süfs, 2,6 ha, Viehweide/Naturschutzgebiet; Insel Lockwerder, 2,2 ha, Viehweide/Naturschutzgebiet;

Insel im Woseringer See

Der Woseringer See ist Teil der Dobbertiner Schneelandschaft. Er liegt etwa auf halber Strecke von Sternberg nach Dobbertin an der B 192. Seine längste Nord-Süd-Ausdehnung beträgt 1360 m, seine größte Breite 2840 m, seine Fläche, je nach Wasserstand: 22,3 ha. Die mittlere Wasserspiegelhöhe ist 38 m, die größte Wasserspiegelhöhe 38 - 40 m.

Die Insel im Woseringer See ist namenlos

Inseltelegramm:

Längste Nord-Süd-Ausdehnung: 440 m; Größe Breite: 800 m; Fläche: 1,82 ha Kürzeste Entfernung zum Seeufer: 40 m; Größte Entfernung zum Seeufer: 530 m Verbindungen zum Seeufer: - Geologische Oberflächenstruktur: - Verwaltung: Amt Sternberg-Land; Historischer Hintergrund der Insel: Weideland für Mastkälber; Momentaner Status der Insel: Landschaftsschutzgebiet, bebaut mit zwei Wochenendhäusern.

Inseln im Trebelsee

Westlich von Ketzin, im Kreis Havelland liegt der 1,6 km lange und 5,4 km breite Trebelsee. Die Gesamtfläche beträgt je nach Wasserstand 510 ha. Die mittlere Wasserspiegelhöhe beträgt + 29 m ü. NN. Der gesamte See ist Bestandteil des Landschaftsschutzgebietes »Ketziner Bruchlandschaft«.

Insel Burgwall-Kaveln

Inseltelegramm:

Längste Nord-Süd-Ausdehnung: 1030 m; Größe Breite: 1070 m; Fläche: 82 ha; Kürzeste Entfernung zum Seeufer: 50 m; Größte Entfernung zum Seeufer 360 m; Verbindungen zum Seeufer: - Geologische Oberflächenstruktur: - Verwaltung: Amt Ketzin; Historischer Hintergrund der Insel: - Momentaner Status der Insel: Naturschutzgebiet »Ketziner Havelinseln«

Burdüreninsel I

Inseltelegramm:

Längste Nord-Süd-Ausdehnung: 550 m; Größe Breite: 930 m; Fläche: 38 ha; Kürzeste Entfernung zum Seeufer: 60 m; Größte Entfernung zum Seeufer 230 m; Verbindungen zum Seeufer: - Geologische Oberflächenstruktur: - Verwaltung: Amt Ketzin; Historischer Hintergrund der Insel: z. T. Rinderweide; Momentaner Status der Insel: Naturschutzgebiet »Ketziner Havelinseln«

Burdüreninsel II

Inseltelegramm:

Längste Nord-Süd-Ausdehnung: 730 m; Größe Breite: 900 m; Fläche: 34 ha; Kürzeste Entfernung zum Seeufer: 40 m; Größte Entfernung zum Seeufer 840 m; Verbindungen zum Seeufer: - Geologische Oberflächenstruktur: - Verwaltung: Amt Ketzin; Historischer Hintergrund der Insel: - Momentaner Status der Insel: Naturschutzgebiet »Ketziner Havelinseln«

Binnenseeinseln in Berlin

Inseln in der Havel

Streng genommen sind der Tegeler See und der Wannsee keine Seen, sondern eigentlich Verbreiterungen des Flußes Havel. Die Havel hat eine Nord - Südausdehnung von ca. 9 km und ihre größte Breite beträgt 1,5 km. Die mittlere Wasserspiegelhöhe liegt bei ca. 30 m; die Havel ist an ihrer tiefsten Stelle 11 m tief.

Inseln im Tegeler See

Als Seitenbucht der Oberhavel erstreckt sich das größte Gewässer Berlins rund 4 km lang im Nordwesten der Großstadt. Der 408 ha große See liegt auf 31 m NN. Seine grünen Ufer werden im Norden von den Waldgebieten des Tegeler Forstes und im Süden von der Jungfernheide begrenzt. Mit seinem großen Freibad am Westufer und den zahlreichen Ausflugsgaststätten ist der Tegeler See ein beliebtes Berliner Ausflugsziel und ein Treffpunkt für Wassersportler. Eine Wagenfähre führt auf die Insel Scharfenberg, die größte der acht Inseln im Tegeler See, auf der sich noch seltene Bäume erhalten haben:

Insel Scharfenberg

Inseltelegramm:

Längste Nord-Süd-Ausdehnung: 1.000 m; Größe Breite: 390 m; Fläche: 20 ha Kürzeste Entfernung zum Seeufer: 100 m; Größte Entfernung zum Seeufer: - Verbindungen zum Seeufer: Personenfähre, Wagenfähre; Geologische Oberflächenstruktur: Weichselzeitlicher oberer Talsand; Historischer Hintergrund der Insel: - Momentaner Status der Insel: Schulfarm, Landschaftsschutzgebiet, Wald.

Die anderen Inseln im Tegeler See sind Valentinswerder, Marienwerder, Baumwerder, Reiswerder, Lindwerder, Hasselwerder und Großer Wall.

Auf Maienwerder findet man Kleingärten mit Lauben. Es handelt sich um kleingärtnerisch intensiv genutzte Gelände, die relativ dicht parzelliert sind Wochenendhäuser und Wohnlauben stehen auf Valentinswerder. Die Grundstücke befinden sich zum Großteil unter Baumbestand und werden weniger intensiv als Kleingärten genutzt. Die Gebäude sind z. T. massiv und können dann auch im Winter bewohnt werden.

Auf der Insel Baumwerder befindet sich ein Wasserwerk und auf den anderen Inseln liegen verschiedene Campingplatzflächen, die sich teilweise überlagern mit anderen Nutzungen wie Wochenendhäuser und Kleingärten. Nur die Insel Großer Wall ist unbewohnt. Ingesamt haben die Inseln im Tegeler See eine Fläche von 50 ha.

Blick auf die Inseln M;arienwerder und Valentinswerder im Tegeler See

Inseln im Wannsee

Als Großen Wannsee bezeichnet man die rund 1000 m weite Bucht der hier seeartig verbreiterten Unterhavel. Der Berliner Forst Düppel umschließt sein Ufer im Westen und Süden, die östliche Begrenzung bildet der südwestliche Ausläufer des großen Berliner Forstgebietes Grunewald.

Die Wannseebrücke am Südufer trennt den Großen Wannsee vom Kleinen Wannsee, der mit dem anschließenden Pohlesee und Stölpchensee eine Seenlandschaft bildet. Der 150 ha große See, der auf einer Seehöhe von 29 m liegt, besitzt mehrere Inseln, von denen die Pfaueninsel wohl vielerorts bekannt sein dürfte.

1. Pfaueninsel

Inseltelegramm:

Längste Nord-Süd-Ausdehnung: 1200 m; Größe Breite: 950 m; Fläche: 60,7 ha Kürzeste Entfernung zum Seeufer: 100 m; Größte Entfernung zum Seeufer: 1000 m; Verbindungen zum Seeufer: Fähre; Geologische Oberflächenstruktur: - Historischer Hintergrund der Insel: ungenutzt; Momentaner Status der Insel: Naturschutzgebiet, Schloßpark.

Auf der unter Naturschutz stehende Pfaueninsel wurde von dem bekannton Gartenarchitekten P. J. Lenné um 1822 ein Landschaftspark gestaltet. Anfang des 19. Jh. bestand auf der Pfaueninsel mit dem herrlichen alten Baumbestand, den seltenen Straucharten und gärtnerischen Anlagen ein Zoo mit exotischen Tieren, die 1842 in den neugegründeten Berliner Zoo umsiedelten. Zahlreiche historische Bauten erinnern an die ehemalige königliche Sommerresidenz, u. a. der Königin-Luise-Gedächtnistempel von 1829, das 1826 von Schinkel umgebaute Kavalierhaus, der Pfauenhof und der Fregattenschuppen von 1832. Das Schloß auf der Pfaueninsel mit der zierlichen Brücke zwischen den beiden Türmen wurde dem romantisierenden Zeitgeschmack entsprechend in der Zeit von 1794 - 97 als künstliche Ruine erbaut. In den Räumen mit der kostbaren Innenausstattung ist ein Museum untergebracht.

Das romantische Schlößchen auf der Pfaueninsel im Wannsee ist nur Fassade.

2. Schwanenwerder

Inseltelegramm:

Längste Nord-Süd-Ausdehnung: 750 m; Größe Breite: 400 m; Fläche: 16 ha Kürzeste Entfernung zum Seeufer: 20 m; Größte Entfernung zum Seeufer: 1000 m; Verbindungen zum Seeufer: Brücke; Geologische Oberflächenstruktur: - Historischer Hintergrund der Insel: Landwirtschaft, Villen: hier haben Goebbels und Konsorten gewohnt; Momentaner Status der Insel: Besiedelung.

3. Lindwerder

Inseltelegramm:

Längste Nord-Süd-Ausdehnung: 150 m; Größe Breite: 300 m; Fläche: 2,4 ha Kürzeste Entfernung zum Seeufer: 120 m; Größte Entfernung zum Seeufer: 600 m; Verbindungen zum Seeufer: Fähre; Geologische Oberflächenstruktur: - Historischer Hintergrund der Insel: ungenutzt; Momentaner Status der Insel: Ausflugslokal.

4. Kälberwerder

Inseltelegramm:

Längste Nord-Süd-Ausdehnung: 50 m; Größe Breite: 160 m; Fläche: 0,5 ha Kürzeste Entfernung zum Seeufer: 500 m; Größte Entfernung zum Seeufer: 1000 m; Verbindungen zum Seeufer: -; Geologische Oberflächenstruktur: - Historischer Hintergrund der Insel: ungenutzt; Momentaner Status der Insel: Ruderverein.

Insel Wilhelmstein im Steinhuder Meer »Die Inselfestung im Meer«

Entstanden ist der See Ende der letzten Eiszeit vor ca. 10000 Jahren, wobei die Geologen sich nicht ganz einig darüber sind, wie die »Geburt« des Sees ablief, auch deshalb, weil eine solch große Wasserfläche in einem seearmen Geestgebiet selten zu finden ist. Mit einer Länge von 8 km und einer Breite von 4,5 km ist das Steinhuder Meer eines der bekanntesten Wassersportzentren im norddeutschen Raum. Der im Mittel nur 1,35 m tiefe See hat je nach Wasserstand eine Größe von 30 km^2 und der Wasserspiegel liegt 38 m über NN. Zu erreichen ist der See über die B 441, die fast ganz an das Gewässer heranführt.

Inseltelegramm:

Die Insel Wilhelmstein wird hier ganz zum Schluß aufgeführt, sozusagen »außer Konkurrenz«, da es sich hierbei um eine künstliche Insel handelt. Erwähnung findet sie aufgrund ihres historischen Wertes.

Mit den für das Steinhuder Meer typischen, großen, flachen Motorseglern, den »Auswanderern«, erreicht man die 12500 m^2 große Insel. Die Insel ist künstlich aufgeschüttet, ihre Festung erbaut in der Zeit von 1765 - 1767 von Graf Wilhelm zu Schaumburg-Lippe; die Außenwerke sind nach 1767 angelegt. Ursprünglich bestand die Insel aus 16 Einzelinseln. Sie ist geschichtlich bedeutsam wegen der Militärschule des Grafen Wilhelm, dessen berühmtester Schüler Scharnhorst war.

Später - von der Zeit Napoleons bis 1867 - war die Festung das Schaumburg-Lippische Staatsgefängnis. In dieser Zeit sind die Kanäle zwischen den 16 Einzelinseln verfüllt worden. In den Kasematten befinden sich noch bronzene Kanonen und Mörser sowie Artilleriezubehör aus jener Zeit. Ein Museum dokumentiert anhand zahlreicher Waffen, Uniformen und Ausrüstungen die Geschichte

des Schaumburg Lippischen Militärs im 18. und 19 Jh. Besonders interessant ist der Entwurf des »Steinhuder Hechtes« - eines U-Bootes, das in ähnlicher Form bis Ende des 18. Jahrhunderts das Steinhuder Meer befuhr.

Aufgrund dieser Belege ist die Insel heute ein beliebtes Ausflugsziel. Der Aussichtsturm des kleinen Eilandes bietet einen guten Rundblick über das Steinhuder Meer.

Die deutschen Strominseln

Insel Herseler Werth

Inseltelegramm:

Breite des Rheins auf Höhe der Insel: 550 m; Stromkilometer: 661–662,5 Längste Nord-Süd-Ausdehnung: 1675 m; Größe Breite: 150 m; Fläche: – Kürzeste Entfernung zum Flußufer; 90 m; Größte Entfernung zum Flußufer: 365 m; Verbindungen zum Flußufer: keine: Geologische Oberflächenstruktur: Deckschicht aus Auesand über Kiesen und Sande der Niederterasse. Verwaltung: Stadt Bornheim; Historischer Hintergrund der Insel: im vergangenen Jahrhundert Weiden für Korbflechterei. Später (Obst-) Grünlandland, bunte Forstwirtschaft (Hauptsächlich Hybridpappeln), bis vor kurzem gelegentliche Truppenübungen an der Ostspitze der Insel; Momentaner Status der Insel: vorläufig sichergestelltes Naturschutzgebiet, ein Materialdepot des Wasser- und Schiffartsamtes Köln.

Insel Grafenwerth

Inseltelegramm:

Breite des Rheins auf Höhe der Insel: 874 m; Stromkilometer: 641; Längste Nord-Süd-Ausdehnung: 1000 m; Größe Breite: 250 m; Fläche: 14 ha; Kürzeste Entfernung zum Flußufer: 75 m; Größte Entfernung zum Flußufer: 600 m Verbindungen zum Flußufer: 2 Brücken, 1 Damm; Geologische Oberflächenstruktur: Sand, Kies, Lehmboden; Verwaltung: Stadt Bad Honnef; Historischer Hintergrund der Insel: Freiflächen, Grünanlagen, landwirtschaftl. Nutzung, frühere Staatsdomäne; Momentaner Status der Insel: Mineral-Freibad, Tennisplätze, Bootsanlegestellen, Restaurationsbetriebe, Touristenverkehr, Forum für Veranstaltungen (Konzerte etc.), Naturschutzgebiet.

Das Grafenwerth hieß um 1633 »die Graw« und wird im Honnefer Volksmund noch jetzt so genannt. Der Name »Mittelwerth« der um jene Zeit auch für die Insel gebräuchlich war, läßt darauf schießen, das früher östlich davon noch eine dritte Insel lag.

Über die frühere Verwertung der Insel ist nur bekannt, daß sie im 15. Jahrhundert ein Weidenbusch war. Der Unterschied zwischen dem Ertrag der Insel von 1452 und dem von 1652 ist ein Beweis, daß man in den zwei Jahrhunderten vom Weidenbau zum Feld- und Wiesenbau übergegangen war. Das wird um so ratsamer gewesen sein, als der Weinbau immer mehr an Ausdehnung zunahm und man nun die Insel wertvoller machen konnte.

Grafenwerth hat in der folgenden Zeit mehrfach den Besitzer bzw. den Pächter gewechselt. Am 12. März 1921 erwarb die Stadt Honnef die Insel, auf der sich ein Mineral-Freischwimmbad (19°C) befindet. Von hier hat man einen reizvollen Blick auf Rolandseck und den Rolandsbogen.

Insel Nonnenwerth

Inseltelegramm:

Breite des Rheins auf Höhe der Insel: 874 m; Stromkilometer: 641; Längste Nord-Süd-Ausdehnung: 2000 m; Größe Breite: 200 m; Fläche: 13,776 ha Kürzeste Entfernung zum Flußufer: 100 m: Größte Entfernung zum Flußufer: 140m Verbindungen zum Flußufer: Fähre; Verwaltung: Stadt Remagen; Geologische Oberflächenstruktur: Sand, Kies, Lehmboden; Historischer Hintergrund der Insel: 12. – Beginn 19. Jahrhundert: Benediktinerinnen-Kloster. 1. Hälfte des 19. Jahrhunderts säkularisiert/Hotel, Gasthaus. Seit Mitte des 19. Jahrhunderts Franziskanerinnen-Kloster/Mädchenpensionat. Momentaner Status der Insel: Mutterhaus der Franziskanerinnen von Nonnenwerth, Gymnasium (koedukativ) für ca. 700 Schüler/-innen. Besonderes: leider ist die Insel für Besucher nicht zugänglich.

Insula Beatae Mariae Virginis – Liebfraueninsel – nennt Erzbischof Arnold I. von Köln in einer Urkunde von 1148 die Rheininsel Nonnenwerth. Wer von der Drachenfels-Ruine in das Rheintal hinabschaut, erkennt südwärts, tief unten im Strom die Insel mit dem Kloster Nonnenwerth, dessen Geschichte 850 Jahre zurückreicht.
Die Burgen auf den Höhen dagegen, die das Inselkloster durch Jahrhunderte schützend oder auch drohend umstanden, erinnern fast nur noch mit ihren Namen oder Ruinen an die »alte Herrlichkeit«: Drachenfels, Wolkenburg, Rolandseck und Godesburg.
Bis heute erfüllt sich der Wunsch des Gründers Erzbischof Friedrich I., in seiner Stiftungsurkunde vom 1. August 1126: es möge diese Stiftung für alle Zeiten bestehen und niemand solle sie ihrer Bestimmung entfremden. So ist die Insel (zu Rheinland-Pfalz) noch heute Sitz des Franziskanerinnenklosters St. Mariä. Auf Nonnenwerth lebte Franz Liszt in den Jahren 1840/41.

Franziskanerinnenklosters St. Mariä auf der Rheininsel Nonnenwerth. Das Bild zeigt die Nordfront des Hauptgebäudes.

Blick vom Drachenfels auf die Rheininseln Grafenwerth (links oben) und Nonnenwerth.

Insel Hammersteiner Werth

Statistik:

Die Insel Hammerstein gehört zur Gemarkung der Ortsgemeinde Hammer stein.Eigentümerin ist die Bundesrepublik Deutschland sowie das Land Rheinland-Pfalz. Sie ist nicht bewohnt und dient auch keinen anderen Zwecken.

Insel Weißenthurmer Werth

Statistik:

Die 1900 m lange und 250 m breite Insel dient ausschließlich der Plazierung des Brückenpfeilers der Reiffeisenbrücke von Weißenthurm nach Neuwied.

Niemand ist zu nichts wert: Die Rheininsel Weisenthurmer Werth dient der Plazierung eines Brückenpfeilers

Insel Urmitzer Werth

Statistik:

Diese Insel ist eine Vogelschutzinsel. Sie war nie bebaut oder bewohnt.

Insel Niederwerth

Inseltelegramm:

Breite des Rheins auf Höhe der Insel: 1200 m; Stromkilometer: 596; Längste Nord-Süd-Ausdehnung: 3700 m; Größe Breite: 660 m; Fläche: 221 ha; Kürzeste Entfernung zum Flußufer: 180 m; Größte Entfernung zum Flußufer: – Verbindungen zum Flußufer: Brücke; Verwaltung: Verbandsgemeindeverwaltung Vallendar; Geologische Oberflächenstruktur: Quartärmaterial: Historischer Hintergrund der Insel: Kloster, Landwirtschaft, Fischerei, Schiffbau. Momentaner Status der Insel: Inselgemeinde, Wohnbebauung, Landwirtschaft (Gemüseanbau) Sportstätten, Bundesanstalt für Gewässerkunde.

Insel Graswerth

Inseltelegramm:

Breite des Rheins auf Höhe der Insel: 1200 m; Stromkilometer: 599; Längste Nord-Süd-Ausdehnung:: 2.600 m; Größe Breite: 240 m; Fläche: 82 ha, Kürzeste Entfernung zum Flußufer: 180 m; Größte Entfernung zum Flußufer: 225 m; Verbindungen zum Flußufer: – Geologische Oberflächenstruktur: Quartärmaterial; Historischer Hintergrund der Insel: Landwirtschaft; Momentaner Status der Insel: Naturschutzgebiet; 1 Brückenpfeiler; 10% landwirtschaftlich genutzt (Gemüseanbau), Jagd.

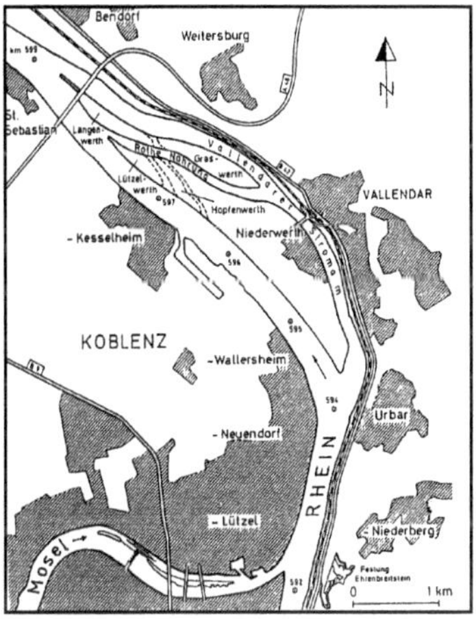

Lageplan der Inseln Niederwerh und Graswerth

Leben im Rhein

Seit zweihundert Jahren ist der Rhein gezeichnet, gestochen, gemalt, fotografiert, beschrieben und in allen Tontagen begeistert besungen worden. Im Rhein zu leben, können aber nur wenige von sich behaupten.

Dort, wo der Rhein sich im Neuwieder Becken, etwa zwei Kilometer unterhalb der Moselmündung bei Koblenz, in einer Biegung nach Westen wendet, liegt im Strom die Insel Niederwerth. Mit der unbewohnten Insel Graswerth, die sich nördlich anschließt, bildet sie die politische Ortsgemeinde Niederwerth. Die Flußinsel ist die einzige selbständige Inselgemeinde in der Bundesrepublik. Von dem benachbarten Vallendar auf dem Festland ist Niederwerth gut 180 Meter getrennt und durch eine Brücke verbunden. Etwa 1300 Menschen leben heute auf dem etwa 3,7 Kilometer langen und 221 ha großen Eiland, das 1275 erstmals urkundlich erwähnt wurde. Haupterwerbszweig war früher der landwirtschaftliche Anbau von Hopfen, Erbsen, Grüngemüse, Nuß- Kirsch- und Pflaumenbäumen und Weinreben.

Die Rheininseln Niederwerth und Graswerth (rechts oben).

Heute noch gilt Niederwerth als der Obst- und Gemüsegarten von Koblenz, der von 10 Vollerwerbs- und 60 Nebenerwerbslandwirten bearbeitet wird. Besonders begehrt: Spargel aus Niederwerth. Die meisten Einwohner pendeln heute zur Arbeit in die Nachbarschaft nach Vallendar, Koblenz, Neuwied und ins Kannenbäckerland.

Kirche mit Kloster auf der Flußinsel Niederwerth um 1830, von Vallendar aus gesehen.

Insel Tauberwerth

Inseltelegramm:

Breite des Rheins auf Höhe der Insel: 540 m; Stromkilometer: 551; Längste Nord-Süd-Ausdehnung: 60 m; Größe Breite: 180 m; Fläche: –; Kürzeste Entfernung zum Flußufer: 40 m; Größte Entfernung zum Flußufer: - Verbindungen zum Flußufer: - Geologische Oberflächenstruktur: Schieferfelsen; Verwaltung: Stadt Oberwesel; Historischer Hintergrund der Insel: Strandbad für Oberweseler Bürger bis ca. 1960; Nutzung durch Kinderheim »Auf Wiesborn« Pachtung durch Stadt Oberwesel; Momentaner Status der Insel Keine Nutzung.

Wasserburg Pfalzgrafenstein

Inseltelegramm:

Breite des Rheins auf Höhe der Insel: 328 m; Stromkilometer: 546; Längste Nord-Süd-Ausdehnung: 50 m; Größe Breite: 66 m; Fläche: - Kürzeste Entfernung zum Flußufer: 126 m; Größte Entfernung zum Flußufer: 160 m: Verbindungen zum Flußufer: Fährboot; Geologische Oberflächenstruktur: Schieferfels mit

Sand- und Kiesbelag; Verwaltung: Stadt Kaub; Historischer Hintergrund der Insel: Schiffahrtszollburg; Momentaner Status der Insel: Museumsburg.

Der »Pfalzgrafenstein« ist eine Schiffahrtszollburg aus dem 14. Jahrhundert. 1326 erbaute Ludwig der Bayer auf dem Felsenriff Falkenau vor Kaub im Rhein den Innenturm. Da dieser alleinstehen mußte, wurde er gleich als Wellen- und Eisbrecher erbaut. Der Turm ist 36 m hoch, er hat 6 Etagen, und im zweiten Stock befindet sich noch ein Backofen aus dem 17. Jh.

1327 wurde Ludwig der Bayer das Zolles wegen, den er hier nahm, vom Papst Johannes XXII. mit dem Kirchenbann belegt. Johannes hetzte seine Bischöfe in Köln, Mainz und Trier gegen Ludwig auf. Sie sollten ihm hier das Zollhandwerk legen denn in Singen am Mäuseturm (siehe weiter unten) wurde der Bischofszoll von Mainz genommen und auf Stolzenfels bei Koblenz der Bischofszoll von Trier. Ludwig der Bayer war der erste weltliche Fürst, der sich erlaubte, hier auf Pfalzgrafenstein verstärkt Zoll zu nehmen.

Aufgrund dieser Auseinandersetzung mit der Kirche erbaute Ludwig der Bayer 1340 zum Schutze seines Turmes noch die Außenmauer. Die Mauer war damals nur 12 m hoch. Erst 1607 hat Kurfürst Friedrich IV. die Außenmauer so vervollständigt, wie sie heute noch zu sehen ist. Sie ist 51 m lang, 21 m breit und 25 m hoch. Die Mauerwände sind 2,60 m dick. Sie hat zwei Wehrgänge mit Schießscharten und Schleuderständen.

Im hinteren Turm befindet sich das Gefangenenverlies. Dieses ist vom 2. Wehrgang aus 9 m tief. Es war ein Brunnen, und auf dem Wasser war ein Holzfloß. Darauf kamen die Kaufleute, die draußen auf dem Strom ihren Zoll nicht zahlen konnten. Sie wurden mittels Seil und Querholz abgeseilt und blieben solange unten, bis jemand kam und sie auslöste. Dazu hatte man 20 Zöllner und einen Hauptmann beschäftigt. Die Hauptmannwohnung ist ebenfalls im hinteren Teil der Burg. 1803 kam die Zollburg an das Herzogtum Nassau, 1866 an das Königreich Preußen, das 1867 den Zollbetrieb aufhob.

Erwähnenswert ist noch Blüchers Rheinübergang 1813 auf 1814. In den ersten Neujahrstagen 1814 ließ der preußische Feldmarschall von Blücher an dieser Stelle von russischen Pionieren eine Pantonbrücke bauen. Über diese Brücke marschierte er mit 60.000 Soldaten, 20.000 Pferden und 220 Geschützen und verfolgte Napoleon.

Die Flußfeste, im Volksmund kurz »Pfalz bei Kaub« genannt, ist die einzige ihrer Art. In der Gestalt eines kompakten wehrhaften Schiffes auf langgezogenem sechseckigen Grundriß wurde sie nie zerstört und gehört zu den volkstümlichsten und einprägsamsten Baudenkmälern im Land.

Insel Heyles'en Werth (Bacharacher Werth)

Inseltelegramm:

Breite des Rheins auf Höhe der Insel: 475 m; Stromkilometer: 538; Längste Nord-Süd-Ausdehnung: 780 m; Größe Breite: 140 m; Fläche: 7 ha; Kürzeste Entfernung zum Flußufer: 135 m; Größte Entfernung zum Flußufer: 430 m Verbindungen zum Flußufer: Fährboot, Kahn; Geologische Oberflächenstruktur: Sandiger Löß auf tonhaltigem Untergrund; Verwaltung: Stadt Bacharach; Historischer Hintergrund der Insel: Gartenanlagen; Momentaner Status der Insel: Agrarbetrieb Gemüse, Obst, Weide, Wein.

In einem Mikroklima wächst auf der Rheininsel Heyles'en Werth ein mehrfach ausgezeichneter Wein, der "Bacharacher Insel Heyles'en Werth".

Inseln Großes und Kleines Lorcher Werth
(Doppelinsel, durch Damm verbunden)

Inseltelegramm:

Breite des Rheins auf Höhe der Insel: 500 m; Stromkilometer: 538; Längste Nord-Süd-Ausdehnung: 1800 m; Längste Ost-West- Ausdehnung: 150 m Fläche: 10,48 ha; Kürzeste Entfernung zum Flußufer: 100 m; Größte Entfernung zum Flußufer: 350 m; Verbindungen zum Flußufer: Fähre; Geologische Oberflächenstruktur: Schwemmsande und Aueböden; Verwaltung: Kleines Lorcher werth: Stadt Lorch, Großes Lorcher Werth: Hessisches Forstamt Rüdesheim; Historischer Hintergrund der Insel: Rebenversuchsgelände, Viehzucht, bis 1974 Wassergewinnungsanlage der Stadt Lorch; Momentaner Status der Insel: Naturschutzgebiet.

Die Doppelinsel Großes und Kleines Lorcher Werth im Rhein

Insel mit dem »Mäuseturm«

Inseltelegramm:

Breite des Rheins auf Höhe der Insel: 370 m; Stromkilometer: 530; Längste Nord-Süd-Ausdehnung: 35 m; Größe Breite: 255 m; Fläche: 72 a; Kürzeste Entfernung zum Flußufer: 70 m; Größte Entfernung zum Flußufer: 275 m Verbindungen zum Flußufer: – Geologische Oberflächenstruktur: Fels; Verwaltung: Stadt Bingen; Historischer Hintergrund der Insel: Auf der Insel steht der »Mäuseturm« der ehemals eine Mautfunktion und Signalfunktion für die Rheinschiffahrt hatte. Momentaner Status der Insel: Die kleine Felsinsel wurde nie zu einem anderen Zweck benutzt.

Der auf einer Felseninsel im Rhein gelegener ehemaliger Wartturm (13./14. Jh.) gehörte zur gegenüberliegenden Zollburg Ehrenfels (heute eine Burgruine, Bild rechts). Seit 1855 ist der Turm im oberen Teil stark verändert und diente lange als Signalstation für die Schiffahrt durch das Binger Loch. Der Name »Mäuseturm« leitet sich von Maut (= Zoll) ab. Heute hat der Turm keine Funktion mehr.

Insel Rüdesheimer Aue

Inseltelegramm:

Breite des Rheins auf Höhe der Insel: 720 m; Stromkilometer: 525; Längste Nord-Süd-Ausdehnung: 130 m; Längste Ost-West-Ausdehnung: 740 m; Fläche: 4 ha; Kürzeste Entfernung zum Flußufer: 205 m; Größte Entfernung zum Flußufer: 470 m; Verbindungen zum Flußufer: – Geologische Oberflächenstruktur: Schotter mit aufliegender Humusdecke; Verwaltung: Stadt Rüdesheim Historischer Hintergrund der Insel: bewohnt bis Mitte 1960, Landwirtschaft, Obstbau; Momentaner Status der Insel: Naturschutzgebiet.

Insel Fulderaue

Inseltelegramm:

Breite des Rheins auf Höhe der Insel: 950 m; Stromkilometer: 519-521; Längste Nord-Süd-Ausdehnung: 260 m; Größe Breite: 1500 m; Fläche: 32 ha Kürzeste Entfernung zum Flußufer: 190 m; Größte Entfernung zum Flußufer: 500 m; Verbindungen zum Flußufer: – Geologische Oberflächenstruktur: Schotter mit aufliegender Humusdecke; Verwaltung: Stadt Mindelheim; Historischer Hintergrund der Insel: trägt seit 1716 den Namen Fulderaue. Gehörte lange zum Schloß Johannisberg, war dann bis Mitte der 80er Jahre Sitz einer Rebschule.
Momentaner Status der Insel: Eigentum des Landes Hessen, Pachtvertrag.

Insel Mariannenaue

Inseltelegramm:

Breite des Rheins auf Höhe der Insel: 820 m; Stromkilometer: 513; Längste Nord-Süd-Ausdehnung: 340 m; Längste Ost-West- Ausdehnung: 3070 m Fläche: 60 ha; Kürzeste Entfernung zum Flußufer: 205 m; Größte Entfernung zum Flußufer: 530 m; Verbindungen zum Flußufer: Landebrücken, Bootsstege; Geologische Oberflächenstruktur:: Schotter mit aufliegender Humusdecke (kalkhaltige Aueböden) Verwaltung: Administration Schloß Rheinhartshausen; Historischer Hintergrund der Insel: .siehe nachfolgender Text.

Die Insel hieß bis vor 200 Jahren noch »Ingelheimer Aue«, denn sie zählte zur Gemarkung Ingelheim. Sie war einmal Bestandteil der Kronendomäne Karls des Großen. Ein Sohn von ihm, Ludwig der Fromme, ist bei der Jagd auf dieser Insel ums Leben gekommen. Später kauften die Grafen von Westphalen – damals Eigentümer von Schloß Reinhartshausen – diese Insel und so findet man in den Atlanten und auf alten Landkarten auch die Bezeichnung »Westfälische Aue«. Ihren jetzigen Namen erhielt die Insel Ende des letzten Jahrhunderts, als man sie in »Mariannnenaue« umbenannte. Dieser Name kommt von Prinzessin Marianne aus dem Hause Oranien Nassau, einer Tochter von König Willem I. der Niederlande, die Schloß Reinhartshausen mit der Insel um 1850 kaufte. Prinzessin Marianne war mit Prinz Albrecht, dem

jüngeren Bruder von Kaiser Wilhelm I. verheiratet. Wegen ihrer Verdienste um Erbach und den Rheingau wurde die Insel nach ihr benannt. Sie stiftete die protestantische Kirche in Erbach, baute die erste Mittelschule im oberen Rheingau, einen Kindergarten und sie galt als große Wohltäterin. Die Rheininsel Mariannenaue ist hinsichtlich Boden und Klima, aber auch als Standort für landwirtschaftliche und weinbauliche Kulturpflanzen interessant. Der Weinbau existiert hier seit dem Mittelalter. Aber auch Landwirtschaft (meist Maisanbau) und Weideflächen (schottische Hochlandrinder) wurde bis weit in die 80er Jahre betrieben. Konflikte mit dem Naturschutz gingen weniger von dem in der Inselmitte betriebenen Weinanbau, als vielmehr von dem mit den Heckengebieten verzahnten und die Hart- und Weichholzaue tangierenden Maisflächen aus.
Momentaner Status der Insel: 1. Naturschutzgebiet. Europäisches Naturschutzreservat seit 1974. Bestandteil des Rheinauenreservates (Ramsor-Abkommen) 2. Weinanbau. Der hohe Kalkgehalt des Bodens und das frostarme Inselklima haben dazu geführt, daß auf der Insel der einzige deutsche Weinberg mit der berühmten Chardonnayrebe angepflanzt wurde. Aus der Chardonnaytraube werden die bekannten Chablisweine und der Champagner hergestellt. Diese Rebe ist vor allem sehr kalkliebend und wächst insbesondere auf den Kreideböden der Champagne.

Durch die flache Lage der Weinberge liegt der Arbeitsaufwand um 150 Stunden pro Hektar niedriger als auf dem Festland. Durch die hohen Inselkosten (Schiffs- und Fährverkehr, Stromversorgung, Telefonkabel etc.) liegen aber die Produktionskosten teilweise höher als in den Weinbergen auf dem Festland. Diese Inselkosten haben es auch notwendig gemacht, andere landwirtschaftliche Kulturen einzuschränken und den Weinbau -- mit höherer Kostentragfähigkeit - auszudehnen.

Insel Königsklinger Aue (Eltviller Aue)

Inseltelegramm:

Breite des Rheins auf Höhe der Insel: 900 m; Stromkilometer: 509; Längste Nord-Süd-Ausdehnung: 495 m: Längste Ost-West- Ausdehnung: 2075 m; Fläche: 77 ha: Kürzeste Entfernung zum Flußufer: 125 m; Größte Entfernung zum Flußufer: 635 m; Verbindungen zum Flußufer: Landwirtschaftliche Fähre (privat); Geologische Oberflächenstruktur: Schotter mit aufliegender Humusdecke; Verwaltung: Gemeinde Heidenheim; Historischer Hintergrund der Insel: siehe unten Momentaner Status der Insel: Landwirtschaftliche Nutzung. Besonderes: leider ist die Insel für Besucher nicht zugänglich.

Die Insel, die hier, gemeinsam mit der Mariannenaue im weiteren Sinne noch im Mainzer Strombogen liegen, bestehen geologisch nicht aus Klippen, sondern aus Schotter mit aufliegender Humusdecke. Darum heißen sie hier auch nicht, wie auf der Felsenstrecke »Werhe«, sondern »Auen«; sie sind durchgehend fruchtbar.

Die Aue hat nicht immer eine so große kompakte Form gehabt wie jetzt, sie bestand früher aus zwei kleineren Inseln. Gegen Ende des 18. Jahrhunderts, vielleicht schon eher, wird sie die jetzige Gestalt gehabt haben. Im 30jährigen Krieg gewann sie einmal militärische Bedeutung. Im Jahre 1635 soll der

Obrist von Hohendorf, der in schwedischen Diensten stand, von der alten Eltviller Aue aus die Burg zu Eltville beschossen haben, die sich damals in Händen der Kaiserlichen befand und nunmehr in Flammen aufging. Im Jahre 1793 feuerten die Franzosen von da aus zwei Tage lang auf Burg und Stadt Eltville.

Die Insel war oft in Privatbesitz. Einer ihrer Besitzer, der Graf Adalbert Franken von Sierstorpff erbaute 1912 auf der Insel ein stattliches Schloß. Sich dieses und die Insel mal etwas näher unter die »Lupe« zu nehmen, ist genauso unmöglich, wie die Schönheit der Landschaft zu suchen, die bei Eltville nur von der Insel aus völlig ausgeschöpft werden kann. Bei allen Rheinorten, die zum Strom hin eine wirkliche Fassade haben, ist nämlich das Bild von der gegenüberliegenden Seite aus das schönste. Man denke an Lorch, Bacharach und Oberwesel. Aber überall ist es leichter, zu diesen Orten in Vis à vis-Stellung zu kommen, als auf diese Insel, weil sich hier eine Problematik zeigt, die (leider noch) auf einige wenige weitere Fluß- und Binneninsel in Deutschland zutrifft: Sie ist in Privatbesitz. So bleibt die Insel mit ihrem Schloß (leider noch) für die Allgemeinheit ein »verwunschener« Ort.

Insel Rettersbergaue

Inseltelegramm:

Breite des Rheins auf Höhe der Insel: 900 m; Stromkilometer: 501 - 503 Längste Nord-Süd-Ausdehnung: 3.075 m; Längste Ost-West- Ausdehnung: 373 m; Fläche: 78 ha; Kürzeste Entfernung zum Flußufer: 175 m; Größte Entfernung zum Flußufer: 450 m; Verbindungen zum Flußufer: Fähre; Geologische Oberflächenstruktur: Schotter mit aufliegender Humusdecke; Verwaltung: Stadt Wiesbaden; Historischer Hintergrund der Insel: Domäne mit unterschiedlichen Pächtern, Landwirtschaft, Pferdezucht. Jagtpacht. Momentaner Status der Insel: Teilweise Freizeitgelände, Naturschutzgebiet Plazierung eines Brückenpfeilers.

Insel Petersaue

Inseltelegramm:

Breite des Rheins auf Höhe der Insel: 775 m; Stromkilometer: 499 - 501; Längste Nord-Süd-Ausdehnung: 2500 m; Längste Ost-West- Ausdehnung: 200 m; Fläche: 52 ha; Kürzeste Entfernung zum Flußufer:185 m; Größte Entfernung zum Flußufer: 400 m; Verbindungen zum Flußufer: Brücke Geologische Oberflächenstruktur: Schotter mit aufliegender Humusdecke; Verwaltung: Stadt Wiesbaden; Historischer Hintergrund der Insel: Domäne mit unterschiedlichen Pächtern, bis 1978 Gemüseanbau, Obstanbau, Hühnerfarm: Momentaner Status der Insel: Wassergewinnung, Biotopschutz geplant, Plazierung von Brückenpfeilern.

Insel Langenau

Inseltelegramm:

Breite des Rheins auf Höhe der Insel: – Stromkilometer: – Längste Nord-Süd-Ausdehnung: 5500 m; Längste Ost-West- Ausdehnung: 500 m; Fläche: – Kürzeste Entfernung zum Flußufer: – Größte Entfernung zum Flußufer: – Verbindungen zum Flußufer: Fähre; Geologische Oberflächenstruktur: – Verwaltung: Gemeinde Ginsheim-Gustavsberg; Historischer Hintergrund der Insel: Mehrere Pächter, Obst- und Gemüseanbau; Momentaner Status der Insel: Campingplatz, Naturschutzgebiet.

Drei Rheininseln sind noch am Rande zu erwähnen, weil sie auch am Rande (Ufer) plaziert sind: die Maaraue, die sogenannte Rheinschanzinsel vor Phillipsburg und die Katscher Rheininsel
Die Maaraue liegt in der Main-Mündung, wo Kaiser Barbarossa im Jahr 1184 ein glanzvolles Reichsfest feierte, ist jetzt ein Naherholungsgebiet mit Freischwimmbad. Die 490 ha große Katscher Rheininsel liegt 3,5 km südlich von Schwetzingen; sie ist ein Naturschutzgebiet. Philippsburg (10700 Einw.), war einst eine berühmte Reichsfestung, wurde vom Bischof von Speyer und Kurfürsten von Trier Philipp Christoph von Sötern zu Anfang des Dreißigjährigen Krieges aufgeführt. 1674 wurde die Festung durch den französischen Marschall Turenne erobert und ihre Einnahme als »Fall von Philippsburg« berühmt. Die auf der sogenannten Rheinschanz-Insel gelegenen Anlagen sind seit dem Jahre 1800 geschleift. Festungs- und Waffengeschichtliches Museum am Ort.

T

Strominseln in der Weser

Insel Elsflether Sand

Inseltelegramm:

Breite der Weser auf Höhe der Insel: 200 - 400 m; Stromkilometer: 28 - 32 Längste Nord-Süd-Ausdehnung: 4200 m; Längste Ost-West- Ausdehnung: 1000 m; Fläche: 217 ha; Kürzeste Entfernung zum Flußufer: 100 m; Größte Entfernung zum Flußufer: 300 m; Verbindungen zum Flußufer: Brücke über das Huntesperrwerk, Damm über die Westergate; Geologische Oberflächenstruktur: Schlick; Verrwaltung: Stadt Elsfleth; Historischer Hintergrund der Insel: Landwirtschaftliche Nutzung als Weideland, Fischerreibetrieb.; Momentaner Status der Insel: Ein Domänenpächter, Weideland, Standort für Richtfeuer, Naturschutzflächen, Standort des Huntesperrwerks, 7 Einwohner.

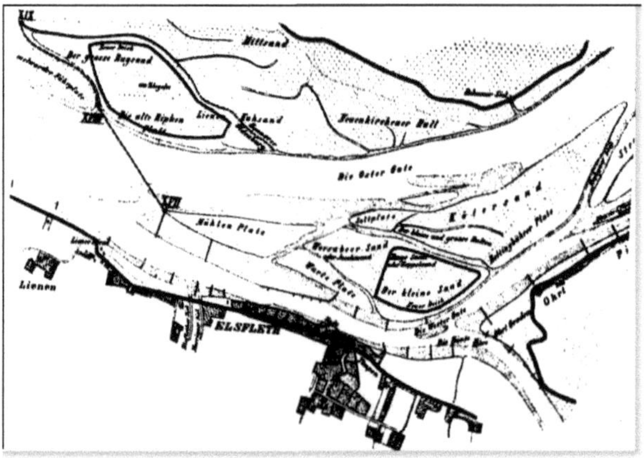

Die Karte zeigt die Stromspaltung der Weser im Bereich des heutigen Elsflether Sandes in der Zeit um 1850. Der östlich des Elsflether Sandes verlaufende Weserarm, die »Ostergate«, war zwar breiter als die vor Elsfleth verlaufende „Westengate", die »Ostergate« neigte aber zum Versanden, so daß sie für tiefergehende Schiffe nicht befahrbar war. Das Hauptfahrwasser war die »Westengate«, die bereits um diese Zeit durch Strombauwerke, z. B. Buhnen, gesichert war.

Durch die unter Franzius durchgeführte Weserkorrektion in den Jahren 1888 - 1894 wurde das Hauptfahrwasser durch aufwendige, strombautechnische Maßnahmen auf die Ostseite des Sandes verlegt. Die »Westergate« wurde Nebenfahrwasser und stellt jetzt praktisch die verlän-gerte Huntemündung dar. Die Westergate hat heute keine Verbindung mehr mit der Weser, da sie im Rahmen des an der Huntemündung durchgeführten Sperrwerksbaues, das die Huntemündung vor Sturmfluten schützen soll, mit einem Landesschutzdeich durchdämmt wurde.

Insel Harrier Sand

Inseltelegramm:

Breite der Weser auf Höhe der Insel: 2250 m; Längste Nord-Süd-Ausdehnung: 10125 m; Längste Ost-West- Ausdehnung: 1575 m; Fläche: 750 ha; Kürzeste Entfernung zum Flußufer; 75 m; Größte Entfernung zum Flußufer: 725 m; Verbindungen zum Flußufer: Personenfähre; Geologische Oberflächenstruktur: Schlick; Verwaltung: Domänenamt Stade; Historischer Hintergrund der Insel: Landwirtschaftliche Nutzung als Weideland; Momentaner Status der Insel: überwiegend landwirtschaftliche Nutzung, Wochenendhausgebiet für 90 Häuser; NSG im Bereich Sommerdeich; 10 Einwohner.

Durch die Vertiefung der Weser in den Zwanziger und Dreißiger Jahren ist die jetzige Weserinsel Harrier Sand durch Aufschüttungen zwischen mehreren Einzelinseln zu einer Insel geworden. Die Insel ist seit 1968 mit dem rechten Weserufer verbunden.

Insel Strohauser Plate

Inseltelegramm:

Breite der Weser auf Höhe der Insel: 2350 m; Stromkilometer: 45 –51; Längste Nord-Süd-Ausdehnung: 6300 m; Längste Ost-West- Ausdehnung: 1300 m; Fläche 470 ha; Kürzeste Entfernung zum Flußufer; 7,5 m; Größte Entfernung zum Flußufer; 100 m; Verbindungen zum Flußufer: Ruderboote und Prahm; Geologische Oberflächenstruktur: Schlick; Verwaltung: Gemeinde Stadtland; Historischer Hintergrund der Insel: Landwirtschaftliche Nutzung als Weideland; Momentaner Status der Insel: z. Zt. noch von drei Betrieben landwirtschaftlich genutzt, Natur- und Landschaftsschutzgebiet; 10 Einwohner.

Strominseln in der Elbe

Elbinsel ohne Name auf Höhe von Geesthacht

Inseltelegramm:

Breite der Elbe auf Höhe der Insel: 3000 m; Stromkilometer: 584 - 588; Längste Nord-Süd-Ausdehnung: 700 m; Längste Ost-West- Ausdehnung: 3700 m; Fläche: 120 ha; Kürzeste Entfernung zum Flußufer; 350 m; Größte Entfernung zum Flußufer: 1850 m: Verbindungen zum Flußufer: Brücke über Kanal und Insel, B 404; Geologische Oberflächenstruktur: ; Elbaue, Sande; Verwaltung: Stadt Geesthacht, Historischer Hintergrund der Insel: landwirtschaftliche Nutzung; Momentaner Status der Insel: Landschaftsschutzgebiet, Sportboothafen, Schleuse und Staustufe.

Die heutige Elbinsel (Bild), die erst durch den Bau der Schleuse und des dazugehörigen Kanals etwa 1960 entstand, wird durch die Bundesstraße 404 in eine Ost- und eine Westhälfte geteilt. Die Stadt Geesthacht hat durch den Erwerb eines großen Teiles der Insel deren landwirtschaftliche Nutzung zur Aufgabe gebracht, um einen Ausgleich für Eingriffe in die Natur zu schaffen, die Ende der 80er Jahre durch einen Bebauungsplan im Westen der Stadt entstanden.

Insel Neßsand/Schweinesand

Inseltelegramm:

Breite der Elbe auf Höhe der Insel: 1800 m; Stromkilometer: 637; Längste Nord-Süd-Ausdehnung: 500 m; Längste Ost-West- Ausdehnung: 4000 m; Fläche: - Kürzeste Entfernung zum Flußufer: 350 m; Größte Entfernung zum Flußufer: 540 m; Verbindungen zum Flußufer: - Geologische Oberflächenstruktur: aufgespülter Elbsand; Gemeinde Jork; Historischer Hintergrund der Insel: Naturschutzgebiet; Momentaner Status der Insel: Naturschutzgebiet (Seevogelschutzgebiet)

Insel Hahnhöfersand

Inseltelegramm:

Breite der Elbe auf Höhe der Insel: 2000 m; Stromkilometer: 637; Längste Nord-Süd-Ausdehnung:: 3500 m; Längste Ost-West- Ausdehnung: 180 m Fläche: 180 ha; Kürzeste Entfernung zum Flußufer: 30 m; Größte Entfernung zum Flußufer: 2000 m; Verbindungen zum Flußufer: Deich und zwei befahrbare Schleusen; Geologische Oberflächenstruktur: 1/3 Kleieboden, etwa 2/3 aufgespülter Elbsand mit ca. 30 cm Mutterbodenschicht, Ablagerung von Elbschlick,; Verwaltung: Freie und Hansestadt Hamburg; Historischer Hintergrund der Insel: Stallmeisterei, 1914 – 1918 Kriegsgefangenenlager (russischer Friedhof vorhanden). Ab 1920 Jugendstrafanstalt. Momentaner Status der Insel: Jugendstrafanstalt für männliche Hamburger Jugendstraf- und Untersuchungshaftgefangene (14 – 24 Jahre), insgesamt ca 250 Häftlinge und 170 Bedienstete. Geplant ist eine Frauenabteilung mit ca. 50 Häftlingen.

Die Elbinsel Hahnhöfersand ist in Hinsicht auf Ihre ehemalige und heutige Nutzung wohl eine der interessantesten deutschen Flußinseln. Ein Kuriosum ist sie bezüglich ihrer hoheitlichen Zuordnung. Sie liegt nämlich nicht innerhalb des Hoheitsgebietes der Freien und Hansestadt Hamburg, sondern sie gehört hoheitsrechtlich zu Niedersachen und dort zur Gemeinde Jork. Die Freie und Hansestadt Hamburg ist allerdings Eigentümerin – somit besitzt die Insel Hahnhöfersand den seltenen Status einer Inselexklave und gleichzeitig auch einer Inselenklave (siehe auch »Inselexklaven« in: Manfred Schmidt, »Exklaven, Enklaven und andere territoriale Anomalien«, Eigenverlag Manfred Schmidt, 1988).

Viele Besucher des Alten Landes kommen jedes Jahr zur Obstbaumblüte, machen Fahrradtouren oder Wanderungen. Dazu wird auch der Deich benutzt, der zwischen der Elbe und dem Alten Land liegt. Auf der einen Seite des Deiches sieht der Besucher das größte Obstanbaugebiet der Bundesrepublik. Auf der anderen Seite des Deiches ist die Elbe mit dem Gestade von Hamburg-Blankenese und Wedel-Schulau. Bei günstigem Wetter ist sogar die Schiffsbegrüßung der Anlage »Willkomm-Höft« zu hören. Abrupt wird die Wanderung durch einen Zaun unterbrochen, der zum Gelände der Jugendanstalt Hahnhöfersand gehört.

Es handelt sich dabei um eine Insel, die im Jahre 1974 zum Schutz des Alten Landes eingedeicht wurde. Diese Insel beherbergt eine Jugendanstalt, die für den Jugend-Strafvollzug in Deutschland und darüberhinaus eine erhebliche Bedeutung hatte (progressiver Strafvollzug). Kriegsgefangene waren in beiden Weltkriegen auf der Insel gefangen und einige davon bezahlten ihren unfreiwilligen Aufenthalt mit ihrem Leben. Hiervon zeugen die Grabsteine auf dem Inselfriedhof.

Am 21. November 1412 soll die Insel entstanden sein, als die Cäcilienflut das Alte Land überschwemmte. Diese forderte insgesamt etwa 30.600 Opfer, so der Pastor Hesseliuns vom Pesthof Hamburg. Widersprüchlich sind jedoch die Angaben, wenn man die Berichterstattung des C.G. Pötzschens von 1784 betrachtet. Nur bei der Zahl der Todesopfer bleiben beide bei der selben Berichterstattung. Diese Flut wird als die größte Sturmflut geschildert, die je über die Küstenbewohner hereinbrach. Aus den Bremer Annalen geht hervor, daß die Elbinsel Hahnöfersand vom Festland abgetrennt wurde.

Die Entstehung der Insel wird so geschildert, daß dort Ablagerungen des Elbschlicks das Wachstum förderten. Die Uferbewohner leiteten den Fluß Este um, der sich in Höhe der heutigen Wellenstraße in Richtung des Ortes Hinterbrack befunden haben muß. Normalerweise verlagert sich die Mündung eines Flusses, der in einen gezeitenabhängigen Fluß mündet, stets in Richtung des Unterlaufes Die Este hingegen trägt besonders viele Sinkstoffe (Kleieboden), so daß die Verlandung des Flußlaufes erheblich ist. Eine Verzögerung fand lediglich durch die Gezeiteneinflüsse statt. Hierdurch entstanden Schlickbänke (Sände).

Auf dieser ehemaligen Halbinsel lebte die Adelsfamilie. An der westlichen Seite des Anwesens befand sich die Kirche des Kirchspiels »Sösvlete« (bedeutet: sechs Flethe = Fleet = Graben). Zu diesem gehörten die Orte Baßenfleth, Twielenfleth, Bardenfleth, Quarrenfleth, Hutfleth und Sumfleth (Sammerfleth). Das Dorf Sösfleth (Zesterfleth) versank eben in dieser Cäcilienflut. Die Kirchturmspitze der Dorfkirche ragte noch Jahre später aus dem Wasser. Der Wetterhahn soll der Überlieferung nach der Namensgeber »Hahnöfersand« gewesen sein, denn »Hahn öfer Sand« = »Hahn über dem Sand« oder »Hahnufersand«. Beide Beschreibungen könnten möglich sein. Hinreichend konnte es jedoch bis heute nicht geklärt werden, wie nun dieser Name entstanden ist.

In den folgenden Jahren wurde die Insel hauptsächlich landwirtschaftlich genutzt. Vorwiegend wurden dort Schilf und Kopfweide angepflanzt und geerntet, die Rohstoffe für Reetdächer und Weidenkörbe.

Insel Lühesand

Inseltelegramm:

Breite der Elbe auf Höhe der Insel: 1500 m; Längste Nord-Süd-Ausdehnung: 3200 m; Längste Ost-West- Ausdehnung: 800 m; Fläche: 120 ha; Kürzeste Entfernung zum Flußufer: 300 m; Größte Entfernung zum Flußufer: 1200 m; Verbindungen zum Flußufer: Personenfähre; Geologische Oberflächenstruktur: Sand; Verwaltung: Samtgemeinde Lühe; Historischer Hintergrund der Insel:Weideland für Ochsen; Momentaner Status der Insel: Naturschutzgebiet, Vogelschutzgebiet.

Insel Pagensand

Inseltelegramm:

Breite der Elbe auf Höhe der Insel: 2500 m; Längste Nord-Süd-Ausdehnung: 5500 m; Längste Ost-West- Ausdehnung:: 950 m; Fläche: 400 ha; Kürzeste Entfernung zum Flußufer: 900 m: Größte Entfernung zum Flußufer: 1600 m; Verbindungen zum Flußufer: Schiffsverkehr zur Inselunterhaltung; Verwaltung: Kreis Pinneberg; Geologische Oberflächenstruktur: Sand: Historischer Hintergrund der Insel: 1835 Ansiedlung des ersten Bauernhofes (Tiefland oft überflutet). Viehhaltung und Reetkulturen. Verbindung beider Inselteile ca. 1877. 1901 Verkauf an den Hamburger Staat, weil Unterhaltung der Ufer für die Bauern zu teuer. Landwirtschaft jetzt in Pacht. 1922 an die Reichswasserstraßenverwaltung Berlin, ab ca. 1928 bis 1978 Aufspülung mit Baggergut aus der Elbe. Erweiterung der Landwirtschaft, geringer Getreideanbau, Aufforstung, zeitweise Gastronomie. Momentaner Status der Insel:

Seit 1995 keine Landwirtschaft mehr. zur Zeit unbewohnt. Teilweise Spühlfeldunterbringung von Baggergut. Überwiegend Forstwirtschaft. Seit 1997 Naturschutzgebiet, seit 1978 Vogelschutzgebiet mit Station.

Insel Krautsand

Inseltelegramm:

Breite der Elbe auf Höhe der Insel: 2000 – 3000 m; Längste Nord-Süd-Ausdehnung: 14000 m; Längste Ost-West- Ausdehnung:: 3000 m; Fläche: 3000 ha; Kürzeste Entfernung zum Flußufer: ca 6 m: Größte Entfernung zum Flußufer: 3000 m; Verbindungen zum Flußufer: Anlegestelle Ausflugsverkehr; Verwaltung: Gemeinde Drochtersen; Geologische Oberflächenstruktur: Sand; Historischer Hintergrund und momentaner Status der Insel:

Die Elbinsel Krautsand gegenüber von Glückstadt hat ihre Merkwürdigkeiten, denn nach Michael Lorrichs Niederelbe-Karte von 1568 soll die Elbinsel in der Mitte des Stromes gelegen haben. Seitdem ist sie durch Abbruch im Osten und Anwachs im Westen ganz nahe an das hannoversche Ufer gewandert, von dem sie nur noch ein schmaler Priel trennt, mehr eine Entwässerungsgraben. In einigen Jahren, wenn dieser Graben versandet ist, wird die Insel Krautsand zu einer Halbinsel rudimentiert sein.

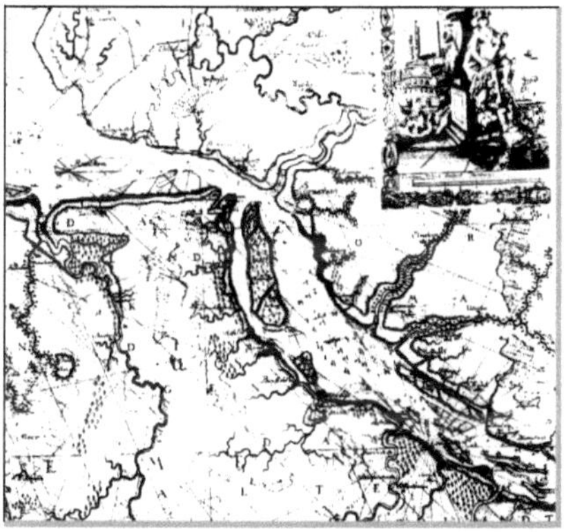

Elbkarte mit der Insel Krautsand aus dem Jahre 1721 von Christian Fritzsch Sculprit, Hamburgii

Urkundlich wird die Insel zuerst im Jahre 1546 als Weideland erwähnt. Die beginnende Besiedlung der Insel durch Kehdinger Bauern, die sich ihr Anwesen auf Wurten errichteten, fällt in das Jahr 1620. Während des Dreißigjährigen Krieges spielte die Insel eine Rolle in der Machtpolitik des Dänenkönigs Christian IV, der sie als Stützpunkt im Kampf gegen die Stadt Hamburg benutzte, um ihr durch die Anlage des Hafens Glückstadt und den Ausbau der Stadt selber die Vormachtstellung an der Elbe zu nehmen. 1645 erobern die Schweden die Insel und sie ist in den folgenden Jahrzehnten wechselnd in schwedischem und dänischem Besitz, bis sie im Jahre 1719 mit Hannover vereinigt wird. Die Kirche steht nach alten Karten des 18. Jahrhunderts weit landeinwärts gezeichnet, jetzt liegt sie fast am Rande der Ostseite. 1864 ist der altbekannte Buhrfeindsche Gasthof nach verzweifelter Gegenwehr vor dem Andrang des Stromes auf seinen heutigen Platz zurückverlegt worden

Bei der damaligen Deichlosigkeit der Insel lagen natürlich sämtliche Häuser, Stallgebäude und Scheunen auf aufgefahrenen Erdhügeln, den Wurten, die an der Westseite meistens mit Schutzbäumen gegen Wind und Eisschollen bepflanzt waren. Ungehindert wechselte in den tiefen Prielen Ebbe und Flut hin und her. Bei Hochwasser stieg die Flut erst langsam an dem Schilfufer und in den Prielen empor. Waren diese aber bis zum Rande gefüllt, so dehnte sich das Wasser erstaunlich schnell über die Wiesenflächen aus und wandelte die Insel für ein paar Stunden in einen weiten See, aus dem nur die Weidenreihen und Hauswurten hervorragten. Dann schoß das Elbwasser wie ein reißender Strom die Landstraße hinab, Pferde und Kühe schwammen zur nächsten Wurt, nur die Schafe blieben wie angewurzelt auf derselben Stelle stehen, bis sie dann mit vollgesogenem Fell ins treiben gerieten und ohne Gegenwehr im nächsten Wassergraben versanken. Sehr häufig wurde ein Teil der Heuernte, Raps, Bohnen und Getreide- stiegen im Herbst wegg-schwemmt, und Millionen von Äpfel, die der Sturm von den Bäumen gefegt hatte, trieben elbwärts. Weit schlimmer war die Überschwemmung im Winter, wenn die mächtigen Eisschollen herantrieben. Um die Jahrhundertwende gab es auf Krautsand 47 dort beheimatete Fracht-Ewer, darunter 25 seegehende. Da der kleine Prielhafen als Schutzhafen in keinem Fall ausreichte, legten viele Schiffseigner ihr Fahrzeug auf der Krautsander Reede vor Anker und setzten mit dem Beiboot über zur Insel.

Nach der letzten Sturmflut im Januar 1976, die auch auf der Insel Krautsand großen Schaden anrichtete, beschloß man, die Insel einzudeichen. Das hatte zur Folge, daß die Zufahrt zum alten Prielhafen durch den neu angelegten Deich versperrt wurde; die kleine Reparaturwerft hatte bereits vorher ihren Betrieb eingestellt. Am Ruthenstrom findet man heute im Schutz der Landzunge Schiffsliegeplätze und auch eine kleine Kaianlage. Heute leben 517 Personen mit Hauptwohnung auf Krautsand und 40 Personen mit Nebenwohnung. Die Insel wird teilweise landwirtschaftlich genutzt, besitzt Campingplatzbetriebe und ist zu einem kleinen Teil Naturschutzgebiet. Das Bild zeigt das Wappen von Krautsand.

Insel Rhinplate

Inseltelegramm:

Breite der Elbe auf Höhe der Insel: 2000 – 2600 m; Stromkilometer: 671,5 – 676; Längste Nord-Süd-Ausdehnung: 4500 m; Längste Ost-West- Ausdehnung: 350 m; Fläche: 100 ha; Kürzeste Entfernung zum Flußufer: 400 m; Größte Entfernung zum Flußufer: 1800 m; Verbindungen zum Flußufer: – Geologische Oberflächenstruktur: Schlick; Verwaltung: Stadt Glücksstadt; Historischer Hintergrund der Insel: – Momentaner Status der Insel: –

Die Insel entstand durch natürliche Ablagerung von Schlick vor der Einmündung der Flüsse Rhin und Schwarzwasser in die Elbe. Sie stellt sich als tideabhängige, teilweise überflutete, buschbestandene Sandbank dar. Eine Nutzung durch den Menschen hat es auf der Rhinplate nie gegeben; sie ist als Naturschutzgebiet ausgewiesen.

Strominseln in der Ems und in der Wakenitz

Insel Bingumer Sand

Inseltelegramm:

Breite der Ems auf Höhe der Insel: 700 m; Stromkilometer: 17; Längste Nord-Süd-Ausdehnung: 370 m; Längste Ost-West- Ausdehnung: 1220 m; Fläche: 32,5 ha; Kürzeste Entfernung zum Flußufer: 60 m; Größte Entfernung zum Flußufer: 360 m; Verbindungen zum Flußufer: – Geologische Oberflächenstruktur: Marschböden: Verwaltung: Stadt Leer; Historischer Hintergrund der Insel: Viehbeweidung innerhalb des Sommerdeiches; Momentaner Status der Insel: Viehbeweidung, Naturschutzgebiet

Insel Spiringshorst

Inseltelegramm:

Breite der Wakenitz auf Höhe der Insel: 400 m; Stromkilometer: 9,4; Längste Nord-Süd-Ausdehnung: 200 m; Längste Ost-West- Ausdehnung: 250 m; Fläche: 2,4 ha; Kürzeste Entfernung zum Flußufer: 40 m; Größte Entfernung zum Flußufer: 150 m; Verbindungen zum Flußufer: Ruderboote, im Winter Schwimmsteg; Geologische Oberflächenstruktur: Torf-Sand; Verwaltung: Hansestadt Lübeck; Historischer Hintergrund der Insel: Bis zur Zerstörung im Jahre 1534 stand hier als Versammlungs- und Belustigungsort Lübecker Patrizier die sog. Olavsburg. 1829 ist die Insel nur unter dem Namen »Horst« aufgeführt. Sie war zumindest zu dieser Zeit schon bewohnt; es wurde Berufsfischerei betrieben. Momentaner Status der Insel: Der Südbereich wird privat benutzt, fünf Einwohner. Der Nordbereich ist Landschaftsschutzgebiet.

T

Quellen

Verwaltungen, Ämter

Stadtverwaltung Bingen am Rhein, vom 20.02.1995
Stadt Bornheim, Frau Mohr, vom 08.03.1995
Stadt Eltville am Rhein, Herr Amtsrat Post, vom 22.02.1995
Stadt Geesthacht, Herr Junge, vom 02.05.1995
Stadt Glücksstadt, der Magistrat, vom 03.04.1995
Freie und Hansestadt Hamburg, Juztizbehörde, Herr Helias, vom 16.03.1995
Stadt Bad Honnef, Herr Stewald, vom 21.02.1995
Stadtverwaltung Ingelheim am Rhein, Stadtplanung und- entwicklung, Herr Bischel, vom 02.04.1995
Stadt Leer (Ostfriesland), Baudezernent Stadtplanung, Herr Meyerhoff, vom 03.04.1995
Stadt Lorch/Rheingau, der Magistrat, Herr Bürgermeister Retzmann, vom 16.02.1995
Stadt Laufen, Herr Niedermeier, vom 21.02.1995
Große Kreisstadt Lindau, Stadtbauamt, vom 02.09.1994
Hansestadt Lübeck, Herr Dr. Simon, vom 08.05.1995
Stadtverwaltung Neuwied, vom 04.07.1995
Stadt Ratzeburg, vom 07.03.1995, Herr Wolf
Stadt Rüdesheim am Rhein, der Magistrat, Herr Göler, vom 07.03.1995
Stadt Schwerin, Umweltamt, Herr Bohnsack, vom 04.08.1999
Stadt Teterow, Amt für Bau und Kommunalplanung, Herr Amtsleiter Wolter, vom 03.03.1995
Landeshauptstadt Wiesbaden, Herr Göbel, vom 29.03.1995
Gemeinde Chiemsee, Herr Schiffbänker, vom 02.07.1999
Gemeinde Drochtersen, Frau Domachowski, vom 19.10.1999 und vom 04.11.1999
Gemeinde Ginsheim.Gustavsberg, Herr Amtsrat Daschmann, vom 27.06.1995
Ortsgemeinde Heidesheim am Rhein, vom 15.05.1995
Gemeinde Inning am Ammersee, Herr Glas, vom 19.09.1994
Gemeinde Jork, vom 29.05.1995
Samtgemeinde Lühe, vom 06.10.1999
Gemeinde Schwanewede, vom 08.03.1995
Gemeinde Stadtland, vom 20.04.1995
Ortsgemeinde Urmitz-Rhein, Herr Bahl, vom 20.03.1995
Gemeinde Wörthsee, Frau Heintel, vom 07.09.1994
Kreis Pineberg, Amt für Umweltschutz, Herr Kroh, vom 11.04.1995
Verwaltungsgemeinschaft Seehausen am Staffelsee, vom 29.12.1994
Verwaltungsgemeinschaft Kochel am See, vom 27.02.1995
Verbandsgemeindeverwaltung Bad Hönningen, Herr Frömbgen, vom 03.03.1995
Verbandsgemeindeverwaltung Vallendar/Rhein, Herr Bürgermeister Bachmann, vom 1.12.1994
Amt Ketzin, Frau Röth, vom 28.01.1994
Amt Krakow am See, Herr Deitemeyer, vom 14.12.1994
Amt Sernberg-Land, Herr Kowalschuk, vom 10.11.1994

Forstverwaltung Graf zu Toerring-Jettenbach, Herr Oberforstrat Elbs, vom 03.03.1995
Hessisches Forstamt Rüdesheim am Rhein, Herr Forstoberrat Dombrowsky, vom 03.03.1995
Naturschutzverbund Deutschland, Kreisverband Nauen e.V., vom 29.03.1995,
Staatliche Seeverwaltung Starnberg, vom 10.10.1994 und vom 13.03.1995
Bayerische Verwaltung der Staatlichen Schlösser, Gärten und Seen, Herr
Markt Schliersee, Herr Bauer, vom 14.09.1994
Nationalpark Mecklenburg-Vorvommern, Naturpark Schaalsee,, Lassahn, Herr Mönke, vom 04.10.1994
Bezirksamt Zehlendorf von Berlin, Abteilung Bau- und Wohwesen, vom 28.10.1999
Bezirksamt Reinickendorf von Berlin, Herr Helmich, vo 29.09.1994
Wasser- und Schiffahrtsamt Bingen, Herr Spies, vom 23.12.1999
Wasser- und Schiffahrtsamt Bremen, Herr Kalkmann, vom 13.09.1995
Domänenamt Oldenburg, vom 26.06.1995
Domänenamt Stade, vom 29.03.1995

Verkehrsvereine, Touristikbüros etc.

Verkehrsverein Lindau, Herr Markus Wolf, vom 06.07. 1999
Verkehrsverein Reichenau, Herr Karl Wehrle, vom 02.07.1999
Mainau G.m.b.H., Abteilung Ökologie und Naturerziehung, Frau Sunita Patel, vom 21.03.1995 und vom 17.07.1999
Verkehrsamt Oberwesel am Rhein

Private Einrichtungen, Heimat- und Kulturvereine, Privatpersonen

Herr Fritz Bastian, Oberstr. 63, 55422 Bacharach, vom 07.03.1995
Kloster St. Clemens, Insel Nonnenwerth, 53424 Remagen, Herr Görg
Heimat- und Kulturverein Kaub e.V., vom 26.04.1995
Freunde von Rheinhartshausen GbR mbH, herr Stephan Bigus, vom 02.03.00
Herr Otto Schinkel, Op de Weddern 7, 25371 Seestermühle
Joachim Bohm, Am Neuenfeldsdeich 44, 25317 Seestermühle
Naturschutzbund Deutschland, Herr Kolbe, vom 29.03.19995

Chroniken, Reiseführer, Zeitungen, Zeitschriften, Berichte

Zur Insel Wörth, Wörthsee: »Heimat zwischen den Seen«, Wissenswertes um den Pilsensee und Wörthsee, Fischerverein Pilsensee-Wörtseee.V.
Zur Insel Burgstall im Abtsdorfer See: »Burgen im Salzachgau«, unbekannter Autor
Zur Burgwallinsel im Teterower See: Friedrich Schlette, »Auf den Spuren unserer Vorfahren«, Verlag Neues Leben, Schrift: »Wanderungen in der Umgebung von Teterow«, 1972, Festschrift zum 750 jährigen Stadtjubiläum der Stadt Teterow, 1985
Zur Insel Grafenwerth: »Die Stadt Honnef und ihre Geschichte«, Neudruck der Ausgabe von 1925, Löwenburg Verlag GmbH, Bad Honnef 1978
Zur Insel Nonnenwerth: »Das Benediktinerinnenkloster auf der Insel Nonnenwerh 1126 – 1802 (1821)«
Zur Insel Niederwerth: Hermann Schemmer, » Die Rheininsel Niederwerth«,

Sonderdruck, aus Rhein-Museum Koblenz, Beiträge zur Rheinkunde, Heft 39, 1987; B. Harnischfeger, »Eine Insel im Rhein«; Merian Koblenz, 31. Jahrgang. Nr. 2. 1978: »Begehrt: Spargel aus Niederwerth«; W. Schäfke: Der Rhein von Mainz bis Köln, DuMont-Kunst-Reiseführer. 1982
Zur Insel Mariannenaue: RP-Darmstadt. Oberste Naturbehörde: »Beschreibung des Naturschutzgebiet Mariannenaue« (Auszug)
Zur Insel Eltviller Aue: Kratz, Werner, Dr.: »Eltville, Baudenkmäler und Geschichte«, Band I
Zur Rheininsel Petersaue: Wiesbadener Kurier, vom 17.11.1978
Zum Elsflether Sand: »Aus der langen Geschichte des Elsflether Sandes«
Zur Elbinsel bei Geesthacht: Stadt Geesthacht: Umweltbericht 1993
Zur Elbinsel Hahnöfer Sand: Kurt Stypmann: »3 Meilen altes Land« (Auszug), Broschüre Hahnöfer Sand
Zur Elbinsel Krautsand: Franz Wegewitz: »Die Elbinsel Krautsand«, Nindorf, Chronik: »Drochtersen, Bilder aus vergangenen Tagen«,